探索数学
的奥秘

本书编写组◎编

TANSUO
XUEKE KEXUE
AOMI CONGSHU

世界图书出版公司
广州·北京·上海·西安

图书在版编目（CIP）数据

探索数学的奥秘/《探索学科科学奥秘丛书》编委会
编．—广州：广东世界图书出版公司，2009.10　（2024.2重印）
（探索学科科学奥秘丛书）
ISBN 978 – 7 – 5100 – 1163 – 4

Ⅰ. 探…　Ⅱ. 探…　Ⅲ. 数学 – 青少年读物　Ⅳ. O1 – 49

中国版本图书馆 CIP 数据核字（2009）第 177857 号

书　　名	探索数学的奥秘
	TAN SUO SHU XUE DE AO MI
编　　者	《探索学科科学奥秘丛书》编委会
责任编辑	吴怡颖
装帧设计	三棵树设计工作组
出版发行	世界图书出版有限公司　世界图书出版广东有限公司
地　　址	广州市海珠区新港西路大江冲 25 号
邮　　编	510300
电　　话	020-84452179
网　　址	http://www.gdst.com.cn
邮　　箱	wpc_gdst@163.com
经　　销	新华书店
印　　刷	唐山富达印务有限公司
开　　本	787mm×1092mm　1/16
印　　张	13
字　　数	160 千字
版　　次	2009 年 10 月第 1 版　2024 年 2 月第 10 次印刷
国际书号	ISBN　978-7-5100-1163-4
定　　价	49.80 元

前　言

　　数学极富实用意义的内容,包含了深刻的奥妙,发人深思,使人惊讶。数学就像一颗明珠闪烁着人类智慧的光芒,千百年来吸引着无数的数学爱好者,让他们在探索数学的道路上奉献出自己的才华和智慧。数学就像是时刻也离不开的良师益友,因为这门学科有着巨大的实用价值,正如一些数学家所说的那样:"在数学的世界里,甚至还有一些像诗画一样美丽的风景。"加里宁也曾经说过:"数学可以使人们的思想纪律化,能教会人们合理地思维着,无怪乎人们说数学是思想的体操。"

　　在探索数学的道路上,人们发现了一个又一个的难题,然后又一个一个地将这些难题解决,而这些难题,千奇百巧,琳琅满目,如同一朵朵绚丽无比的花朵,给人们挑战的勇气,刺激着人类的智慧。

　　在 21 世纪的今天,数学已经是一门应用范围极广、内容极为丰富、系统极其庞大的学科,是人们认识客观世界的重要工具,也是研究各门学科必不可少的重要工具。

　　这本书从人类初步了解数学说起,讲述了人们对数学的不断探索。包括了数学悖论,第一次、第二次、第三次数学危机,哥德尔不可判定命题、混沌、NPC 理论等非平凡问题;算术、几何、图论当中的有趣问题。如将来数学还会产生悖论与危机吗?尚未解决的数学难题是否为不可判定命题?数学定理为什么要证明?本书集知识性、思想性和趣味性为一体,

说理直观浅显、通俗易懂，充分展示数学之美。读者也会从其中得到不同的乐趣和益处，可以当做休闲娱乐小品随便翻翻，有助于开阔眼界、增长知识、锻炼逻辑思维能力。

数学既古老又新颖，它与我们的日常生活密切关联。在探索中深入问题，在介绍中翻新思路，在评述中展示前人艰难跋涉的足迹，在阅读中体会创造的艰辛。希望读者能通过本书漫步在数学的幽径上，喜欢上数学，在生活之中寻找数学，感受数学的魅力，步入威严而又有趣的数学殿堂。

目　　录

第一章　数学起源 ……………………………………………… 1

第一节　数的形成 …………………………………………… 1

一、数的形成 ……………………………………………… 1

二、数觉与等数性 ………………………………………… 2

第二节　数的语言、符号与记数方法的产生 …………………… 4

一、数的语言 ……………………………………………… 4

二、记录数的符号——数字 ……………………………… 5

三、古代的进位制 ………………………………………… 12

第二章　数学算数知多少 ……………………………………… 14

第一节　人类对自然数的探索及研究 ………………………… 14

一、对自然数的早期认识 ………………………………… 14

二、自然数的早期研究 …………………………………… 18

第二节　符号"0"的产生 ……………………………………… 20

第三节　整数见闻 ……………………………………………… 25

　一、完全数 …………………………………………………… 25

　二、亲和数 …………………………………………………… 26

　三、勾股数 …………………………………………………… 27

第四节　小数的产生与表示 ……………………………………… 30

第五节　最早的二进制 …………………………………………… 33

第六节　数的运算 ………………………………………………… 34

第七节　"算术"的涵义 ………………………………………… 38

第八节　算术的基因和基理 ……………………………………… 40

第九节　关于素数 ………………………………………………… 44

　一、素数的故事 …………………………………………… 44

　二、素数的生产 …………………………………………… 50

第十节　你知道有多少孪生质数吗？ …………………………… 51

　一、有多少个质数 ………………………………………… 52

　二、质数的奇妙分布 ……………………………………… 55

　三、数学难题的出现 ……………………………………… 58

　四、在寻找质数公式的崎岖道路上 ……………………… 59

第三章　几何奥妙的探索 ………………………………… 67

第一节　几何的起源 ……………………………………………… 67

　一、形的起源 ……………………………………………… 67

　二、几何图形 ……………………………………………… 68

　三、实验几何 ……………………………………………… 70

第二节　《几何原本》内容提要与点评 ………………………… 71

第三节　蝴蝶定理 ………………………………………………… 73

第四节　勾三股四弦五 ……………………………………… 76

一、中国的 345 三角形 …………………………………… 76

二、徒手在正方形纸片上作出 24 个 345 三角形 ………… 77

三、方圆之中的 345 三角形 ……………………………… 78

第五节　化圆为方的绝招 ………………………………… 80

第四章　数学符号的产生与演进 …………………… 85

一、加法符号"＋" ………………………………………… 85

二、减法符号"－" ………………………………………… 86

三、乘法符号"×" ………………………………………… 87

四、除法符号"÷" ………………………………………… 87

五、等号"＝"、大于号"＞"、小于号"＜" ……………… 88

六、小括号"（　）"、中括号"［　］"、大括号"｛　｝" … 89

七、根号"√" ……………………………………………… 89

八、指数符号"a^n" ……………………………………… 90

九、对数符号"log"，"ln" ………………………………… 90

十、虚数单位 i、π、e 以及 $a+bi$ ……………………… 91

十一、函数符号 …………………………………………… 91

十二、求和符号"∑"、和号"S"、极限符号及微积分符号 … 92

十三、三角函数的符号与反三角函数的符号 …………… 93

十四、其他符号 …………………………………………… 94

第五章　模糊数学初探 ………………………………… 95

第一节　由一个古希腊问题引出的模糊概念 …………… 95

第二节　集合的产生 ································ 97

一、一个"疯子"的后遗症 ························ 97

二、集合与集合之间的关系 ···················· 101

三、模糊集合是由普通集合拼凑而成的 ········ 106

四、模糊关系 ···································· 109

五、有趣的聚类图 ······························ 117

六、从模糊相似矩阵到模糊等价矩阵 ·········· 120

第六章　数学中的危机 ···················· 122

第一节　第一次数学危机 ···························· 122

第二节　有理数与无理数的探索 ···················· 124

一、平易近人的有理数 ························ 124

二、神出鬼没的无理数 ························ 125

三、有理数是米,无理数是汤 ·················· 127

第三节　问遍天堂地狱,谁人知晓 π 的真面貌 ········ 127

第四节　第二次数学危机 ···························· 131

一、第二次数学危机概况 ······················ 131

二、代牛顿圈改《流数简论》 ··················· 134

第五节　皮囊悖论 ································· 137

一、集合与皮囊悖论 ·························· 137

二、整体等于其半 ···························· 138

三、神秘的康托尔尘集 ························ 139

第六节　理发师悖论与第三次数学危机 ············· 142

第七章 数学中七个"千年大奖问题" ………………… 144

第一节 NP 完全问题 ……………………………… 145

第二节 霍奇猜想 ………………………………… 147

第三节 庞加莱猜想 ……………………………… 147

一、令人头疼的世纪难题 ………………………… 147

二、艰难的证明之路 ……………………………… 149

三、庞加莱猜想的意义 …………………………… 158

第四节 黎曼假设 ………………………………… 158

一、黎曼假设的提出 ……………………………… 158

二、黎曼假设概况 ………………………………… 159

第五节 杨-米尔斯理论 …………………………… 159

第六节 纳维-斯托克斯方程 ……………………… 160

第七节 BSD 猜想 ………………………………… 161

第八章 探索路上的数学家 ………………… 163

第一节 人类首席数学家——欧几里得 …………… 163

第二节 数学之神——阿基米德 …………………… 165

第三节 现代数学方法的鼻祖——笛卡儿 ………… 167

第四节 为全人类增添光彩的人物——牛顿 ……… 168

第五节 此人就是一所科学院——莱布尼茨 ……… 171

第六节 数学界的莎士比亚——欧拉 ……………… 172

第七节 历史上最伟大的数学家——高斯 ………… 174

第八节 20 世纪最伟大的数学家之一——冯·诺依曼 176

探索数学的奥秘 TANSUO SHUXUE DE AOMI

第九节 陈景润与哥德巴赫猜想 ……………………… 177

第九章 巧用数学解决生活中的问题 ………… 180

一、怎样让客人等吃饭的时间最少 …………… 180

二、怎样寻找落料的最优方案 ……………… 180

三、数字密码锁为什么比较安全 …………… 182

四、怎样计算用淘汰制进行的比赛场数 ……… 183

五、怎样计算用单循环制进行的比赛场数 …… 185

六、怎样安排循环赛的程序表 …………… 186

七、为什么大奖赛评分时要去掉最高分和最低分 … 188

八、生活中的分数 ……………………… 189

九、巧分奖金 …………………………… 192

十、猴子分桃子 ………………………… 193

十一、不添篱笆扩羊圈 …………………… 194

十二、瞎子看瓜 ………………………… 195

十三、爱因斯坦的舌头 …………………… 196

十四、稀世珍宝 ………………………… 197

十五、牛郎和织女 ……………………… 198

第一章　数学起源

数学的起源始终是数学史研究与学习中饶有兴味的重要课题之一。它引导研究者与学习者去发现人类的这一深邃的心智活动是怎样一步一步地发生和发展,从而回答这个今天我们用以表达宇宙的惊人成就——计算是怎样获得的。由于这段历史发生在史前时期,又以不同的方式和过程独立地发生在文明的几个不同的源头,因此给研究带来很大的困难。迄今为止的许多研究结果虽然仍带有推测性,但不妨碍人们对数学的起源的正确认识。

第一节　数的形成

一、数的形成

数是"数(shǔ)"出来的。这句话确切地反映了数的概念产生的缘由。早期的人类大约也没有数(shǔ)的必要。从现在尚存在原始部落的语言中可以发现,他们甚至不具备表示 3 以上的数。美国人类学家柯尔(Curr)对澳洲原始部落研究后发现,很少有人会辨别四个东西,无须数(shǔ)数的原因之一,大约是占有物的贫乏。另外,没有物的集合体的概念也是产生不出数(shǔ)数活动的原因。例如,一些原始部落能区分出成百种不同的树木,并赋予它们各种不同的名称,却不存在"木"这一概括性概念。数是集合的一种性质,没有集合的概念,自然也就难以产生揭示其性质的活动。

大约在距今1万年前,随着地球上冰水消融、气候变化,人类中的一部分开始结束散居的游牧生活,在大河流域定居起来,于是农业社会出现了。农民既靠地又靠天,因此他们十分关心日月的运行和季节的变化。此外,种植和贮藏、土地划分和食粮分配,以及随之而出现的贸易和赋税,等等,都潜在而又强烈地促使数(shǔ)数的必要,为数的概念和记数方法的产生提供了坚实的物质基础。

二、数觉与等数性

正整数的产生是在有史以前,人类起先并没有数的概念,对于物质世界中的数量关系的认识,只有一些模糊的感觉,这种感觉,有人称之为"数觉"。已经证实,有些动物,如许多鸟类也具有"数觉"。由于人类能认识世界,改造世界,在长期实践过程中,形成了数的概念。

在远古时代,原始人为了谋生,最关心的问题是——有没有野兽、鱼和果实,有则可以饱餐一顿,无则只好饿肚子。因此,人类就有了"有"与"无"的认识。进一步认识"有"的结果,引出了"多"与"少"的概念。这就使人类对数量关系从孤立的认识提高到了比较阶段。

在多与少的分辨中,认识"1"与更多的区别又是必然而关键的一步。从孩儿认识"1"的过程可以推测,人们最初对"1"的认识是由于人通常是用一只手拿一件物品产生的。也就是说,它是由一只手与一件物品之间的反复对应,在人的头脑中形成的一种认识。

建立物体集合之间的一一对应关系是数(shǔ)"数"活动的第一步。在这一活动中,不仅可以比较两个集合的元素之间的多或少,更主要的是可以发现相等关系,即所谓的等数性。

　　尽管集合与映射的概念直到 19 世纪才出现,但人们对集合间等数性的认识与集合间的一一对应思想却早已有之。因而,人们用所熟悉的东西来表示一个集合的数量特征。例如,数"2"与人体的两只手、两只脚、两只耳朵、两只眼睛等联系在一起。汉语中的"二"与"耳"同音,也即某一个集合中元素的个数与耳朵一样多,这就是利用了等数性。据说,古代印度人常用眼睛代表"二"。

　　在数的概念形成过程中,对等数性的认识是具有决定意义的。它促使人们使用某种特定的方式利用等数性来反映集合元素的多少。

　　根据考古资料,远古时代,人们用来表示等数性的方法很多,例如,利用小石子、贝壳、果核、树枝等或者用打绳结或在兽骨和泥板上刻痕的方法。这种计算方法的痕迹至今仍在一些民族中保留着。有时候,为了不丢失这些计算工具,而把贝壳、果核等串在细绳或小棒上,这样记下来的并不是真正的、抽象的数,只是集合的一类性质——数量特征的形式转移。

　　除了实物计数,人们还利用自己的身体来计数,利用屈指来计数:表示一个物体伸一个指头,表示两个物体伸两个指头,如此下去。直到现在,南美洲的印第安人还是用手指与脚趾合在一起表示数"20"。屈指计数为五进制、十进制等记数制的产生提供可能,当这种可能变成事实时,数的概念连同有效的计数技术也就产生了。

　　等数性刻画了集合的基数。当人们利用屈指记数时,不自觉地从基数转入了序数。例如,要表示某一集合包含三件事物时,人们可以同时伸出三个手指,这时的手指表示基数。如果要计数,他们就依次屈回或伸出这些手指,这时手指起了序数的作用。

　　无论是实物计数还是屈指计数都不是最理想的计数方法。实物计数演变为算筹、算盘。屈指计数沿着两个方向发展。

　　一个方向是探求手指计数的更理想的发展。例如,新几内亚的锡比勒部族人,利用手指和身体的其他部位,可以一直计数到 27。中国有一种手指计数法,最高可算到 10 万。即使在现代,除了小孩初学计数时仍用手指外,在证券交易所也有用手指计数的。但随着数的语言、符号的产生,教育的普及,屈指计数的技术最终还是被淘汰了。

屈指计数发展的另一个方向是指计数和实物计数相结合,这个方向上创造出了进位制计数方法和完整的数的概念。

第二节 数的语言、符号与记数方法的产生

概念和语言、符号是密切相关的。概念是语言和符号的思想内容,而思想是在语言符号中形成的。数的符号和语言也是形成数的概念的必要条件和表达概念的手段,因而能巩固概念。

一、数的语言

在数的概念形成之前,没有表达数的专门语言,因而只能用"群"、"帮"、"套"、"堆"、"束"来表示"多"的整体性语言。

等数性的发现,产生了相应的语言。例如,在不同的民族,用耳朵、手、翅膀来表示"二",用"鸵鸟的脚趾"(四趾)来表示"四",用"手"表示"五"。

早期数的概念并不是抽象的,而是相当具体的。例如,在英国哥伦比亚的辛姆珊族的语言中,不同种类事物的数的词语是不一样的。

根据语言学家的研究,数学语言的结构,几乎都是一致的,人的十个手指都留下了不可磨灭的印迹。在大部分语言中,十以下的数都有各自的名称,十以上的数就用了某种组合原则。当然也有"五进制"的,即五以下的数都有各自的名称,五以上的数就用了组合原则,这起源于习惯用一只手计数的民族。不管各民族的数名如何不一致,它们都是数概念形成

的明证。

二、记录数的符号——数字

数字,即数的符号,是一种文字语言。数字帮助建立了一些不能从简单的观察和直接计算中发现的数的概念。在数的概念形成之后,它则起到了把概念以可见的形式再现的作用。有了数字,给出了抽象数概念的简单的具体化身,它也给出了非常简单地实现各种运算的可能。

数字产生于记数的需要,几乎每一个民族都有过自己的记数符号。

1. 中国早期的记数符号

我国最早的数码是大约在公元前 13 世纪,是人们在龟甲和兽骨上刻写出来的。这套数码共有 13 个,其中前 4 个是象形字,后 5 个是假借字。如 X 原是"午"字,人或 ∧ 原是"人"字,十 原是"切"字,它们至今仍保留着原来字的地方读音。"X"像两人背(bèi)的形状, 像肘(zhǒu)的形状,这两字的读音虽已改变,但仍可以发现它们之间的相近关系。

十、百、千、万的倍数,在甲骨文中通常用两个字合在一起来表示,如图 1-1 所示,读音仍是两个音节。记数方法是采用加法原则,如 2656,甲骨文写法是。

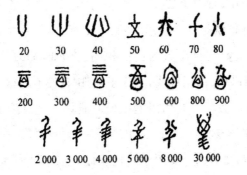

图 1-1

约在春秋战国时期(公元前 770～前 221 年),我国出现筹算符号,这种符号是用算筹摆出来的,算筹样式古书上有记载。1971年7月,陕西省千阳县一座西汉古墓中出土了一批两端整齐、粗细均匀的骨质圆柱形算筹,长度有13.8厘米、13.5厘米和12.6厘米3种,直径均为0.3厘米。若将算筹按如下两种方式摆出两种数码,在图1—2中,6,7,8,9这四个数字符号,在纵式和横式中,都表示5与1,2,3,4的和。在纵式中以一横(一)表示5,在横式中以一竖(丨)表示5。

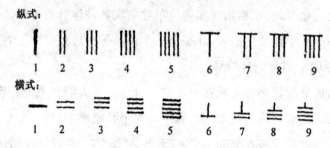

图1—2

据《孙子算经》记载,算筹记数的方法是:"先识其位,一纵十横,百立千僵,千十相望,万百相当。"它首先强调了位的重要性。一个数字符号只有在数目中占据一定的地位,才有其明确的意义,地位不同,值也不同。比如15,50,7 532,这几个数中的5,分别表示5,50,500,这就是地位制的特点。数字在个位、百位上要用纵式,在十位、千位上要用横式,所谓"一纵十横,百立千僵"就是这个意思。而"千十相望,万百相当",则是说千位数与十位数、万位数与百位数的摆法相同。例如,5431摆成纵横相间的筹式,就是≡‖≡丨;如果都用纵式,则成了‖‖‖‖‖‖丨,表示的意义就不清楚了。

13世纪,我国数学家开始用笔在纸上演算。这时除了将算筹摆成的数码和运算程序摹绘在纸上外,又出现了一套包括零在内的数码,这套数码后演变成暗码,如图1—3所示。这套暗码实际上是将筹算符号中的‖、‖、≡三个笔画较多的数改变一下符号的结果,其中前三个数码有时也写作1,2,3。

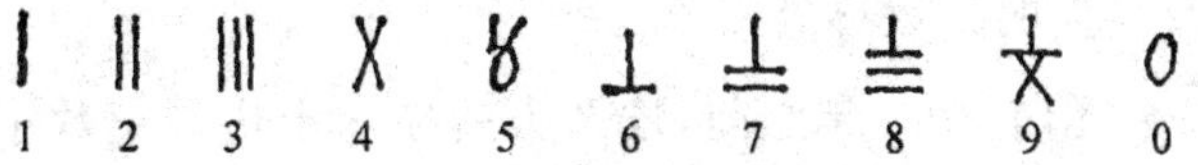

图 1-3

我国普遍采用阿拉伯数码是在 19 世纪末和 20 世纪初。那时,西方和日本的数学著作大量翻译过来,阿拉伯数码的优越性逐渐为人们所认识,如当时一些算术普及读本所说:阿拉伯数码虽然各国读音不同,然而意思和字体却相同,这种字容易写,也适用于笔算,看大势是要通行天下万国的。

2. 巴比伦早期的记数符号

大约在公元前 2500 年,巴比伦人采用了如下一套记数符号,这是用一种截面为楔形的笔在泥板上刻写而成的,因此后人称它为楔形符号。可以看出,上述数学是由两个基本符号 ▼(1)和 ◀(10)构成的。对于 100 以内的数,采用加法原则,用基本符号的组合表示。如 23 写成 ◀◀▼▼▼;30 写成 ◀◀◀。一般高位数写在低位数左边。

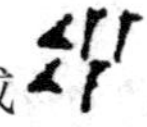

100 用 ▼▶ 表示,这又是一个基本符号。表示 100 的倍数时,倍数符号写在表示 100 的符号之前,如 300 应写成 ▼▼▼▶;1 000 写成 ◀▼▶。◀▼▶ 又是基本符号,如 ◀◀▼▶ 表示 $10 \times 1\ 000$,而不是 20×100。

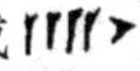

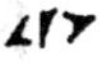

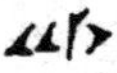

通常巴比伦人采用六十进制记数,有些也采用十进制,有些甚至还将六十进制与十进制混用。由于巴比伦人没有零的符号,因此,他们写出的数的意义比较模糊。比如"2、6、3"即可表示为 $2 \times 60^2 + 6 \times 60 + 3 = 7\ 563$,也可表示 $2 \times 60^3 + 6 \times 60^2 + 3 \times 60 = 453\ 780$,还可以表示 $2 \times 60 + 6 \times 60^0 + 3 \times 60^{-1} = 126 \frac{1}{20}$。

巴比伦人的记数法的最大优点是采用位值制,这是许多国家所不及的,我国也在很早采用位值制,但在时间上不及巴比伦。

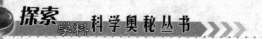

3. 埃及早期的记数符号

大约在公元前 1700 年之前,埃及人就使用十进制记数了,但他们并不知道位值制,每一个较高单位是用特殊符号来表示的。

埃及人用的象形数字记号,如图 1-4 所示。介于其间的各数由这些符号的组合表示。书写的方式是从右往左,如 ⅢⅢ∩∩ 表示 24,而不是 42。

1= ❘		(一根垂直棒)
10= ∩		(放牛使用的弯曲工具)
100= ℓ 或 ℓ		(一端圈起的测量绳)
1 000= ⚘		(一朵莲花)
10 000= ❨		(竖着的手指)
100 000= ⟿		(蝌蚪)
1 000 000= ⚹		(惊讶的人)
10 000 000= ☉		(太阳)

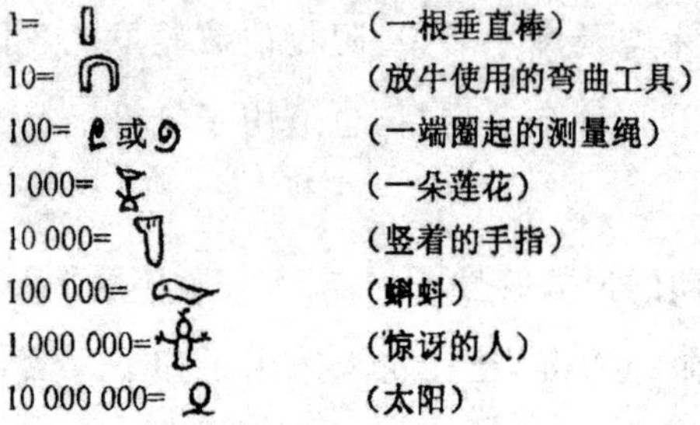

图 1-4

由于没有位值制,所以他们的记数法比较麻烦。像 986 这个数需要用 23 个符号来表示。

除了用象形文字外,埃及还有宗教文字,一般称为僧侣文。下面是僧侣文的一些记数符号,如图 1-5 所示。

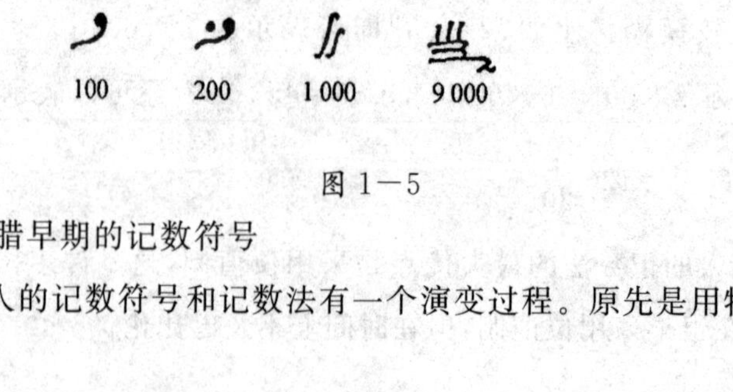

1	2	3	4	5	6	7	8	9
10	20	30	40	50	60	70	80	90

100	200	1 000	9 000

图 1-5

4. 希腊早期的记数符号

希腊人的记数符号和记数法有一个演变过程。原先是用特殊的记号来代表 1～10,10～100 等数字,与埃及用僧侣文记数的方法差不多。大约在公元前 5 世纪或者更早些时候,希腊采用了一套数字系统,如图 1—6 所示。用这些符号的组合来表示其他数字,如 ╥ 表示 6;╓╎表示 50;Ր 表示 500;Ր 表示 18。

│	││	│││	││││	Π(Γ)	Δ	Η	Χ	Μ
1	2	3	4	5	10	100	1000	10000

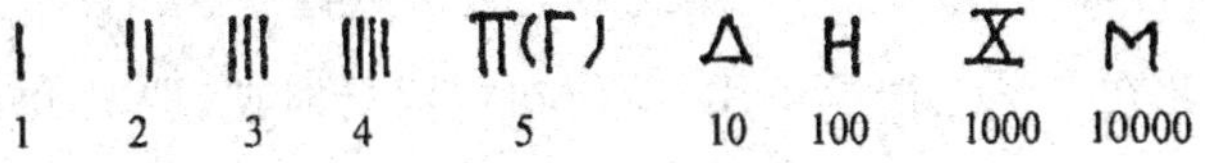

图 1—6

上述符号中除了 1～4 四个符号是象形的外,其余都是采用该数词的第一个字母为记号,这种字母记数制后来被进一步扩充。在亚历山大里亚时代(公元前 3 世纪),希腊人已普遍采用字母来表数的办法,这些字母及所代表的数是:

α	β	γ	δ	ε	ς	ζ	η	θ
1	2	3	4	5	6	7	8	9
ι	κ	λ	μ	ν	ξ	o	π	ϱ
10	20	30	40	50	60	70	80	90
ρ	σ	τ	υ	ϕ	χ	ψ	ω	$\mathcal{T}$
100	200	300	400	500	600	700	800	900

另外,以 $\alpha,\beta,\gamma,\delta,\varepsilon,\varsigma,\zeta,\eta,\theta$ 表示 1000～9000,以 Μ 表示 10000,其他的数由上述符号组合而成。如 $18=\iota\eta$,$36=\lambda\varsigma$,$257=\sigma\nu\zeta$ 等。这种组合法是按加法原理进行的。为了与义字相区别,他们在数上画一横线,如 $\overline{\beta\tau\mu\eta}=2348$。

5. 罗马早期的记数符号

罗马记数法是爱尔利亚人记数法的发展。它有七个基本符号:I(1),V(5),X(10),L(50),C(100),D(500),M(1000),其他的数由基本符号组合表示。若一个数由两个符号构成,且前一个符号所表示的数小于后一个符号所表示的数,那么这个数目是这两个符号所表示数的差,如Ⅳ＝4、Ⅷ＝8等。若表示小数的符号写于表示大数的符号之后,则这个数目是这两个符合所表示数的和,如Ⅵ＝6。若干个相同符号写成一列表示的数,等于各个符号所表示的数相加之和,如Ⅲ＝3、XX＝20、MDCCCLXXXV＝1985等。这种记数法可称为"累加制"。用这种记数法进行记数和计算远不及地位制简便,因此在数学上很少采用,即使在古罗马时期,罗马人一般也不应用。不过,由于罗马数字字形较为美观、庄重,故常用于钟表表面以及书稿章节等分类的符号。

6. 玛雅早期的记数符号

玛雅是居住在中美洲尤卡坦(yucatan)半岛(墨西哥东部)的一个印第安人部族,远在欧洲人到达之前,就创造了各种数字符号来进行算术运算,比罗马记数法早出1000多年。玛雅人基本的数字符号仅两个——"·"和"—","·"表示1,"—"表示5。"·"来自玉米、豆子或卵石的形状,"—"是豆荚的形状。用这两个符号的上下排列,组成了1～19个数字,如图1—7所示。玛雅人的记数法是二十进制。其数字的组成法则是把单位数字符号由下向上地堆积起来,如729,由1个400、16个20和9个1组成(用二十进制表示为:1·16·9),用玛雅数字符号表示为:

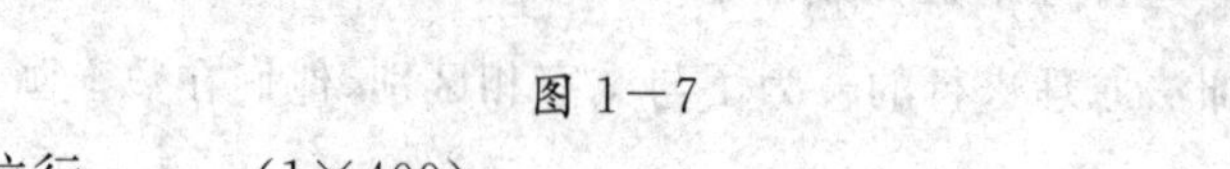

图 1—7

四百位行　·　（1×400）

二十位行　≐　（16×20）

个位行　⸬　（9×1）1点表示1个单位;满5点转变为一横线,即"·····"＝"—";任何位上的数满四横线"亖",就得进到下一个高位上变成"·"。这与阿拉伯数字的进位原则是一样的。玛雅人的数字加法比阿拉伯人的容易,因为阿拉伯数字包括10个符号和一大堆需要默记的运算规则。

7. 印度早期的记数符号

在公元前 2、3 世纪,印度有两种不同的记数符号。一种是波罗门数码(brāhmi merals),约起源于公元前 3 世纪,后来常有变动。在公元前 1,2 世纪所见到的样子,如图 1—8 所示。另一种是卡罗斯底数码(kharosthi numerals),它是由阿富汗东部和印度西北部人所创造的,在公元前 4 世纪到公元 3 世纪中流行于印度各地。这种数码实际上只有表示 1,4,10,20 和 100 的 5 个符号,所有 1000 以内的自然数都用这 5 个符号组合表示。

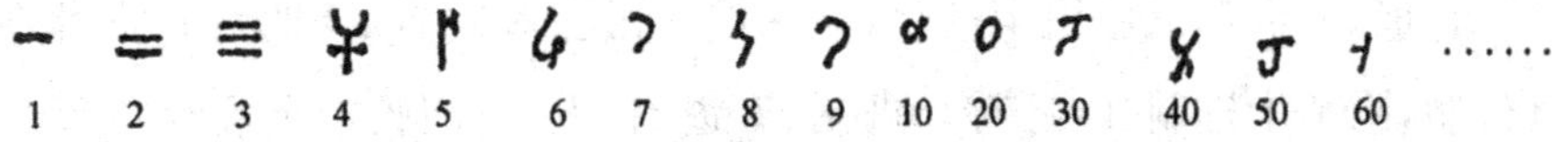

图 1—8

大约在 6 世纪,印度产生十进制的位值制数码,名为德温那格利(devanagari)数字。在 8 世纪时所见到的样子,如图 1—9 所示,这时已有 0 的记号。

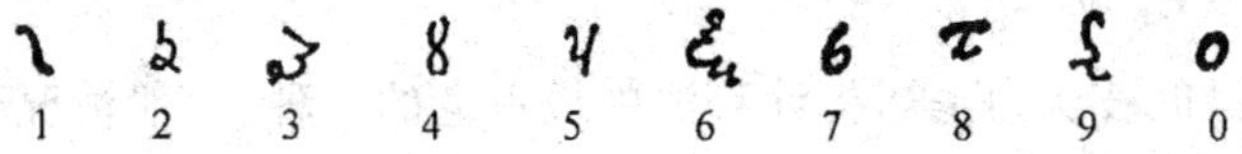

图 1—9

印度位值制数码于 7 世纪先后传入中国、美索不达米亚等地。大约在 8 世纪又传入阿拉伯地区,演变成阿拉伯数码。

8. 阿拉伯早期的记数符号

阿拉伯数码和记数法也像整个阿拉伯数学一样,是在一定程度上吸收了外来成就,特别是吸收了印度和希腊成就之后,经发展而成的。印度数码传入阿拉伯后,并未及时被阿拉伯数学家所注意。在较长的一段时间里,他们用阿拉伯字母代替希腊字母,采用希腊记数法记数。到了 12

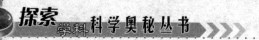

世纪前后印度数码才被阿拉伯人普遍使用,并发生了形体变化。与此同时,印度记数法还通过西班牙等地传人意大利、法国和英国。西欧人称"印度记数法"为"阿拉伯数码",这也就是现在的阿拉伯数码名称的起源。1202 年,列奥那多·斐波纳契在他的《算盘书》中用拉丁文向欧洲详细介绍了在阿拉伯流行的印度数码和记数法。由于他的这本书是为商业需要而撰写,因此立即引起了广泛注意。从此,十进位值制记数法先在意大利后在英、法、德等国传开,直至传遍整个世界。

三、古代的进位制

目前,人们广泛使用十进制,但在数的概念形成初期,世界上使用的进位制,除了十进制外,还有二进制、五进制、十二进制、二十进制和六十进制。其中的有些数制至今仍在继续使用,如二进制,六十进制。

二进制被认为是最古老的记数法。它出现在屈指计数法之前。在澳洲和非洲的原始部落中,只有 1——"乌拉勃"和 2——"阿柯扎"。用"阿柯扎、乌拉勃"表示 3,用"阿柯扎、阿柯扎、阿柯扎"表示 6,6 以上的数字就笼统地称为"堆"。

五进制也被认为是屈指计数法中最古老的一种,一般情况下,伸出一只手要比伸出一双手方便,五进制曾普遍使用于美洲大陆以及非洲的许多部落,至今仍有一些部落还在使用五进制。在罗马记数法中也可见到五进制的痕迹。

当人们手指、脚趾并用时产生了二十进制。有些地方把五进制常与二十进制混合使用。中美洲的玛雅人、北美洲的印第安人都采用二十进制。古代阿兹台克人把一天分为 20 小时,一个师有 $20 \times 20 \times 20 = 8000$ 个士兵。

某些部落不是用手指而是用指关节作为计算工具,把大拇指作为计数器,这样一只手上(除大拇指外)就有 12 个关节,形成了十二进制。由于 12 有 4 个约数,而 10 只有 2 个约数。18 世纪后期,数学家蒲丰(Buffon,1781~1840)曾坚持说,十进制不方便,所以大多数的度量衡中都有十二进制的痕迹,例如"打"是十二进制,1 英尺＝12 英寸,1 先令＝12 便士。在英语和德语中,1 到 12 的单词其词根都不相同,而 13 以上就出现循环重复现象。

与十二进制一样,十六进制也广泛地应用在生活中,例如,1 俄尺＝16 俄寸,1 磅＝16 英两,1 市斤＝16 市两等。

巴比伦人采用的是六十进制。在他们的质量换算表中,例如,1 米那(mina)＝60 希克耳(snekel),1 塔伦特(talent)＝60 米那。巴比伦人划分时间和角度的方法一直沿用至今。例如,1 小时(度)＝60 分,1 分＝60 秒。

人类采用十进制是与双手有十指相关的,它教会人们如何计数,它是古代人在计算实践中不断创造、补充、丰富而发展起来的。在古代,曾发现过这样的事:当人们计算牛、羊的头数时,先叫几个人站成一排,由第一个人伸出他的手指,表示 1,2,3,4,…,数到 10 后就放下手,接着由第二个人伸出手指,他的一个手指代表 10,两个手指代表 20,最后一个手指代表 100。然后把手放下。第 3 个人伸出一个手指时就代表 100,等等。这样继续下去,就可以由伸出的手指来计算牛羊的头数,这就是十进位值制的萌芽。

法国著名数学家拉普拉斯在论述这件事时曾说:"用很少的几个符号表示一切数目,使符号除了具有形状意义外,还具有数的意义,这一思想如此自然,如此便容易理解,简直无法估计它的奇妙程度。"

第二章　数学算数知多少

"算术"是初等数学的一个重要分支,其内容包括自然数及在加、减、乘、除、乘方、开方运算下产生的数的性质、运算法则以及在实际中的应用。历史的推进,给"算术"赋予了如此广泛的意义。

第一节　人类对自然数的探索及研究

一、对自然数的早期认识

数作为人类对物体集合的一种性质的认识,是以长期经验为依据的历史发展结果。这段历史过程大致可以分为"多少"概念的形成;对应关系的建立和集合间等数性的发现;对自然数"后继性"的认识;科学记数法的确立等几个阶段。

远在原始社会,人类以狩猎、捕鱼和采集果实为生,食品的有无,自然是他们最为关心的事情。例如,出去狩猎,可能打到野兽,但也可能一无所获,这就是"有"与"无"这两个数学概念的实际基础。因此,"有"、"无"概念的形成,是自然而又必然的结果。

"有"是存在的一种形式,有多少才是这种形式之下的一个具体内容。在狩猎过程中,每天猎取的野兽多少不等,这又慢慢地产生了笼统的"多"

与"少"的概念。因此,对"有"认识的进一步结果,产生了"多"、"少"两个概念。但"多"、"少"是相对的,它无法明确地表达某事物集合的量的特征。严格地说,"多"、"少"这两个概念并没有在刻画集合的量的特征上比"有"这个概念有多大的进步。不过"多"与"少"毕竟已摆脱了对量的孤立认识,而进入了事物间联系的比较过程,这是了不起的进步。有比较才有鉴别,对事物集合的量的具体表示,正是在这种比较中鉴别出来的。把猎取的野兽分配给大家,这里就产生野兽集合与人的集合之间的"对应"关系:每一份兽肉分配给某一个人,而每一个人都可以分配到一份兽肉。有了这种对应的关系,人类才有可能比较两个数量的大小。例如,要比较今天猎取的野兽和昨天猎取的野兽,到底哪天猎取的多?就可以把昨天猎取的野兽和今天猎取的野兽一只一只地对应起来进行计算比较。如果比到最后,昨天猎取的野兽已经取完了,而今天猎取的野兽还有剩余,那自然今天猎取的比较多;如果昨天猎取的野兽还没有取完,而今天猎取的野兽已经取完,那自然今天猎取的比较少了。正因为有了这种对应关系,人们才有可能把生活中事物的数量与自然数之间一一对应起来,从而也才有可能确切地比较事物的多少。

两个集合之间元素个数多与少的比较,最直接而又合理的办法是建立两集合元素间的一一对应的关系。通过一一对应,不仅可以比较两集合之间量的大小,更重要的是还可以发现相等关系。这是认识自然数的一个关键性步骤。

对集合间等数性的认识,是人类对物体集合进行定量分析的第一阶段。在这个阶段中,人类经过了一个使用自身器官、贝壳、石子、树枝等,专门用作与被计数集合进行比较的"专用集"(即计数器)过程。人类所使用的最早的计数器是自己身上的手、耳、脚等。人们通过手、耳、脚与计数集合间量的比较,就可以了解到被计数集中元素的个数——尚未抽象的数。"耳"、"手"、"整个人"可以说是数的雏形,它的实际内容是"像耳朵一样多"、"像手上的指头那样多"、"像整个人身上所有的手指和脚趾那样多"等,而不是抽象地被理解为2,5,20这些数。在一些民族的原始文化中,同一个数常常有不同的名称,用于不同种类的物体,一些是用来计算牛羊数的,一些是用来计算人口数的,甚至同一个数不同的名称可达十余种。显然,这些还不是严格意义下的抽象的数,而是分别属于一定种类物体的"有名数"。

抽象的数的概念是在摆脱物体的各种具体属性之后产生的。这里很重要的步骤是采用统一的计数器来计量各种不同物体的集合量值(个数)。计数器的一个重要效用,是揭示两集合之间元素个数的"多""少"。我们知道,当两个物体集合处于近旁,可以直接通过一一对应比较多少的时候,一般是采用直接比较的办法来判断。然而,当两个集合不可直接比较时,计数器就显得重要了。在某一集合中,每取出一个物体,就放上一个贝壳或树枝,或者在兽骨上刻一个痕迹。如果对于甲、乙两个集合所放的贝壳或所刻的痕迹相同,那么人们就可以断言它们之间元素的个数相同。不然,就是所放贝壳多的那个集合的元素个数多。这样,经过世世代代的千百万次的重复比较,一种脱离了各种集合元素具体特征的集合的一类性质——数量属性,从贝壳、石子、树枝、痕迹等计数器的使用中抽象出来了。这种数量属性具体反映在以下两点上:

(1)任何一个"数"都是由"单位"积累起来的;

(2)每一个"数"都有一个后继者。

其中(1)的客观原型来自用贝壳和石子之类的东西计数时一个一个的积累;(2)的客观原型来自一一对应的比较。这两点正是自然数的本质属性。因此,对它的认识,也就标志了自然数概念的形成。1889年,皮亚诺(Giuseppe Peano,1858~1932)为自然数的理论建立了五条公理:

(1)1是一个自然数;

(2)1不是任何其他自然数的后继者(注:现在规定1为0的后继);

(3)每一个自然数都有一个后继者;

(4)如果 a 与 b 的后继者相等,则 a 与 b 也相等;

(5)若一个自然数组成的集合 N 含有1,同时当 N 含有任一数时,它也一定含有的后继者,则 N 就是所有自然数所组成的集合。

这五条公理就是在上面两条基础上发展起来的。由于通过计数器的比较过程,实际上也是一个计数过程,所以人们发现了数与数之间的一些简单的加减运算关系。现在一些地区,特别是与世隔绝的一些岛屿上的民族,他们的数字名称很少。如生活在澳大利亚的波利尼西亚群岛、托列斯海峡群岛上的一些居民,只有1和2的名称。碰到3时就读2-1,4读作2-2,5读作2-2-1,6读作2-2-2等,这显然是他们对加法的认识。

随着社会实践的不断深化,对人们的反映实践能力的要求也越来越高。当需要计数的集合元素的个数很多,或者需要把计算的结果保留下来的时候,采用贝壳之类计数器,机械地用一一对应的办法来计数和记数,自然是不行了。不能为了"计"或"记"一万数目,而带上一万个贝壳或树枝,这就出现了以一物表一物的单调记数法的局限性。当贝壳、树枝数少于物体个数时,就会出现"束手无策"的情况。"无策"是个现象,它暴露了原始记数方法与客观事物量之间的矛盾,从而提出了创立科学记数法的任务。

科学记数法通过两步完成的,第一步是利用符号代替贝壳、树枝等实物记数;第二步是用尽量少的符号,最方便地记载一切自然数。世界各国曾采用的记数符号虽然各不相同,但是记数法的方法却不谋而合,几乎不是十进制、五进制就是二进制,其中尤以十进制居多。这是由于人手有十指的缘故。手是人类的天然记数器,物体数目不大于10,就屈指可数,超过10,就屈指难数。10是关键点,是分界线。在这点上,人类实现了计数技术的一次重大飞跃。

我国是最早采用十进制记数的国家之一。早在三四千年前,我们的祖先就以十进制记数法来记数了。卜辞中有表示十、百、千、万等十进制单位的专名和 1 到 9 的数码,数码与位值名词(十、百、千、万等)互相配合,就能记出各种数字来这说明,我国甲骨文时代的十进制记数法是完整和发达的。但是,用位值名词来表示各种数码的数值,毕竟是浪费和累赘,尤其在运算时,更显得碍手碍脚。十进制记数法的进一步改善,关键在于创造一种能使十、百、千、万的意义“不言而喻”的方法。这就是十进位值制记数法。

位值制是将十、百、千、万等意义,通过数码所在地位来表示的一种记方法。这种记数法早在使用石子、贝壳、树枝计数时就隐含着了。比方说,当树枝排满 10 根时,人们就在另一个位置上放 2 根树枝代表它们,原先的 10 根就可以撤去;当第二个位置上也满 10 根时,就用第三个位置上的 1 根代表;依次类推,假如第一、第二、第三个位置上分别有 6 根、5 根、3 根树枝,那么它所表示的就是 653,无须写出十、百这些数字,位置本身就有了十、百等意义。当人们明确地意识到这一点,从而形成位置观念时,科学的十进位值制记数法的基本原理就算完备了,自然数的概念也就完全形成了。

二、自然数的早期研究

公元前 1000 年,古希腊人称正奇数为男性数,正偶数为女性数。无疑这种称呼比较贴切。因为男人一般总是脾气暴戾,好勇斗狠,而女人则甜蜜温顺。当时,1 被视为一切数的根源,2 是第一个女性数,3 是第一个男性数,而和 2＋3＝5 代表婚姻。即使在数的王国里,女性数也在男性数之前!数字 8 掌握了爱情的奥秘,因为它是男性数 3 与婚姻数相加起来所得的数值。

奇合数的男子气质显得不足,真正的男性应该具有来历的不可分割性,而这种特性只是在素数身上才体现出来。因此,像 9 或 15 那样的奇合数被认为是"缺少丈夫气概的数",但奇素数 3 被认为是女性数 2 的佳偶,两者合成婚姻数。图 2—1 显示的数的性别模式,令人不禁想起在某些生物学教科书上所画出来的染色体的排列形态图。

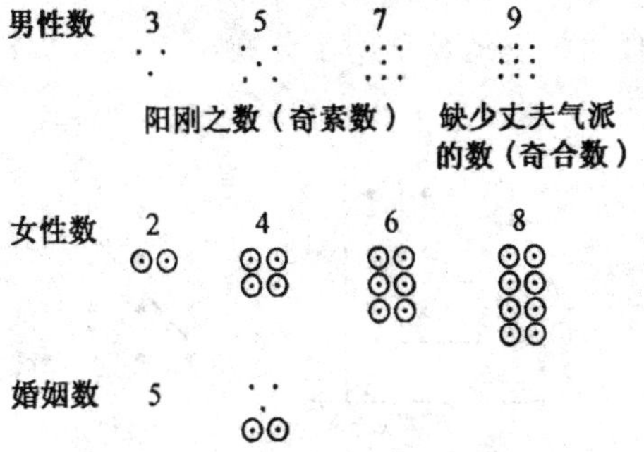

男性数　3　5　7　9

阳刚之数（奇素数）　缺少丈夫气派的数（奇合数）

女性数　2　4　6　8

婚姻数　5

图 2—1

信奉"万物皆数"的毕达哥拉斯派研究过奇、偶数的性质及素数(即质数),研究过满足 $a^2+b^2=c^2$ 的整数 a,b,c(国外称为毕达哥拉斯或毕达哥拉斯三角形,我国称为勾股数),知道当 m 为奇数时,$a=m$,$b=\dfrac{m^2-1}{2}$,$c=\dfrac{m^2+1}{2}$就是一组毕达哥拉斯数。

毕达哥拉斯学派研究了三角形数:

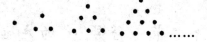

即先是 1 个点,之后加 2 个点、3 个点、4 个点(保持三角形的形状)等。他们知道

$$1+2+3+\cdots\cdots+n=\frac{n(n+1)}{2}$$

称每一个这样的数为三角形数。

他们也研究了四边形数(正方形数):

即先是 1 个点,之后加上 3 个点,使它成为正方形,之后加上 5 个点、7 个点(均保持正方形的形状),形象化一层层地添加上去的情形(见图 2－2),所以他们轻而易举地就证明了公式

$$1+3+5+7+\cdots\cdots+(2n-1)=n$$

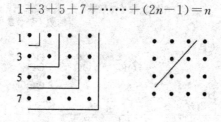

图 2－2

他们还研究了三角形数与四边形数的性质,知道并由右边的图形证明了两个相继的三角形数之和是正方形数。此外,他们还研究了五边形数、六边形数等多边形数。

毕达哥拉斯学派还研究过完全数,即它的真因子(除了它自身以外的因子)之和等于它自身的整数,并找到 6,28,496 这三个完全数,这对后世的数论颇有影响。后来,人们找到了偶完全数的公式,而奇完全数的存在性至今仍是难题,他们还研究了亲和数等。

第二节 符号"0"的产生

在所有的 10 个阿拉伯数码中,"0"也许是最特殊的了。"0"是"零"的符号,从量上说,它代表着"无",然而它又不是毫无内容。作为一切正数和负数之间的界线,作为能够不是正又不是负的唯一真正的中性数。零不只是非常确定的数,而且它本身比其他一切被它所限定的数都更重要。

"0"产生于其他各整数之后。它的产生不是为了表示"无",而是为了填补十进位值制记数法中的空位,使十进位值制记数法得到完善。

前面说到,在自然数的产生过程中,"有"这个概念是起了很大作用的。"有"是相对于"无"来说的。正是由于客观实际存在着"无",所以才会反映出"有"的特征。那么怎样在数学中表示"无"呢?这是一个难题。纵观所有的数学古国,尽管他们已在代数、几何等方面取得令人赞叹的成就,但是都没有在产生出用来表示"有"的数的同时,产生出用以表示"无"的数来。原因很简单,因为人们并不把"无"作为一个数量特征来对待,只需要用"无"、"没有"之类的文字就可以了。

我们中国是世界上的文明古国,也是数学最发达的国家之一,我国古代的数学家们,很早发现了数学中"○"字符的运用价值和重要作用。然而采用什么样的形式来表示,却又是一个难以解决的问题,即使当时那些最优秀、最聪明的数学家也冥思苦想而不可得,而是一代又一代的思索,一代又一代的创造,采用了一个又一个符号,作了一次又一次的尝试,最后才使之完善地确定下来"○"这一个简单的圆圈。根据现有的历史资料,我们归纳起来,大抵有四个过程:①用空位不写表示零;②用"空"字代替零;③用"□"代替零;④用圆圈"○"表示零。

早在公元前4世纪以前,也就是春秋战国时期,那时正是我国古代科学文化十分繁荣发达的时期,数学家们已开始使用了零的表示法,他们采用在筹算盘上留下空位的方法来表示零,这在我国敦煌石窟的唐代手抄本《立成算经》中有了记载,其中记载:当时(战国以前)把405表示成"‖‖ ‖‖"。筹算记数中各数字都应遵守纵横相间的规则。所以由‖‖和‖‖都是纵式,很容易看出它们中间的横式位置的数是空下来的。又把90写成"≡",120写成"丨二",容易看出它们的个位是空下来的;这种表示零的方法是我国古代数学家们最早的天才的创造,把数的计算中无法表示的零,用那么一个空白的位置表示出来了。虽然它是原始的简单的极不完善的,甚至是虚的,但是运用这个虚空的位置,明确地表达了一个准确的意思。有了它就可以将数字位置的大小区别开来。不过这个空格又仅仅是一个空格而已,并没有什么实在的符号表示。这就很容易使人们产生误解,也许在无数次计算实践中已经使人产生了多次的误解,像上面列举的 405 写成"ⅢⅠ ⅢⅠⅠ",中间的空格给予人们的形象概念尚不够准确,人们或许以为它是什么衍文,有什么遗漏的数字,甚至在计算时往往容易忽略。当数学家们多次发现了空位的缺欠时,就想办法用一个实在的符号来表示。于是数学家们自然想到"空"字,用空字来代表零。这样把 405 写成"ⅢⅠ空ⅢⅠⅠ"如《旧唐书》(后晋人刘昫著)和《宋史》(元人脱脱等著)。在讲到历法时,都用空字表示天文数据的空位。这无疑比留一个空位要好得多,因为它表示一个实实在在数字概念,再也不会引起人们的误会。有几个空字就表示几个零,数位也就清楚无误了,这是数学史上零的表示法的一个大进步,它标志着用文字符号表示零的开始,零在数学计算中从此不仅是在意义上有了表示,而且有了实际形象表示,它为后来的完美的零——"〇"的产生迈出了第一步。

用这个"空"字代替零,虽然显得实在了,准确了,然而它不是理想的。一方面这"空"字在数字运算过程中比较难写,另一方面,它和纵横相间表示数的符号夹在一起显得很不调和,失去了统一和谐的美感。人们就想用一个更简便的和纵横相间的符号比较统一的一个符号来代替这个"空"字。后来即出现用"□"表示零,在古文献中的记载是很多的。例如,南宋蔡沈著的《律吕新书》中就曾把 118098 记作"十一万八千□九十八",把 104976 记作"十□四千九百七十六"。

很显然,这种用"□"表示零,放在数字中比写一个"空"字来,不仅简便多了,而且自然多了,和谐多了。它已经是一个数字的符号,尽管这个符号还不完美,但它标志着从用文字代替零,转变到用符号表示零的新阶段,这是一个很大的进步。

用圆圈表示零在宋元时期的著作已普遍运用。例如,金的《大明历》(1180 年)中把 405 写成"四百〇五",另外还有"五百〇五"、"三百〇九"等。到 13 世纪 40 年代,宋元时期数学家李冶和秦九韶等,在著作中更是大量地运用圆圈"〇"来表示零。李冶在《益古演段》第四问中用"〇三丌"表示 0.47;在第六问中用"〇丌三"表示 0.75,他又在《测圆海镜》第八卷中用"丨〇丨川丌〇丌三川⊥丅"表示 10277093376,这种例子是很多的。秦九韶在《数书九章》(1247 年)中也大量运用了符号"〇",如把 10192 写成"丨〇丨≐丨",把 3076800 写成"川〇丨丌⊥丌〇〇"。圆圈符号"〇"与现代数学中竖立的椭圆零的符号"〇"是不同的,圆圈零"〇"是我国古代数学家的独创。当代数学史家钱宝琮先生说:"根据考证,这个'〇'号是宋朝天文学家的创作,不需要有外来的影响。"

一个圆圈,今天看来多么简单,然而它却表示了我国古代数学家的勤奋思考和丰富的想象力。用"〇"来表示零,它既好写,又具有很强的美感,把科学的逻辑和艺术的形象美结合,它既代表数式中的一个空位,又反映了我们中国人民传统审美观念。不过应该说明的是,我国古代数字中采用"□",或用这个美丽的圆圈"〇",但在意义上只表示一个空位,并没把"〇"作为一个数来使用。

至于这个圆圈"〇"后来又怎样变成了现在数字中所用椭圆形"0"的,并当做一个数来使用的呢? 这仍有一番从中国到外国,又从外国到中国的长时间的曲折过程。

世界上还一些民族,在零的表示法的发展变化过程中,也和我们中国一样,先是用空位,后再用符号,最后用类似圆圈的零,可以说是殊途同归的。例如,683 年,柬埔寨的碑文上用"e·ε"表示 605,其中的"·"就表示零。印度任唐期太史监的天文学家瞿昙悉达所编《开元占经》中提到"每空位处恒安一点",即用黑点表示零。苏门答腊的碑文上用"e〇γ"表示 608,其中的"〇"就与现在"〇"相近了,据说,印度的阿利耶毗陀已经知道零的符号的应用。至于黑点"·"何时变成椭圆"0",这个用椭圆"0"表示零的发明荣誉属于谁,还没有可靠的资料来考证。据现有的材料研究,科学史家们大多认为,椭圆零"0"是4世纪(东晋时代)产生于中印两国的边界一带。当代英国学者李约瑟博士风趣地说过:"也许我们可以冒昧地把这个符号看作是代筹算盘空位上摆上了一个印度花环。"也就是可以用一个比喻说:中国是椭圆零"0"的父亲,印度是它的母亲。

中印两国早有文化交流。627年,唐朝和尚玄奘到印度取经(即《西游记》中所写的)把中国的文化带到了西方,也许就在这个时候中国的圆圈零"○"传到了印度。此后在印度的碑文上就有了用"○"来表示零的情况。据李约瑟博士的研究,中印文化交流,印度更多地从中国受到启迪。

印度采用符号"○"表示零,并给1~9的数字单位设立记号,大大减少了数字的个数(在这以前的希腊人、犹太人、叙利亚人等的记数法要用到"个不同的数字符号,记数很麻烦),他们把零作为一个数,参加运算,完善了十进位值制,简化了数的运算。8世纪印度计数法传到阿拉伯,又经过几百年的演变,到16世纪写法就和现在基本一致,这就是历史上的印度—阿拉伯数码。它在记数法中占据压倒优势的地位,迅速传播开来,为全世界所通用,为数学的发展做出了伟大的贡献。

中国的圆圈零"○"在印度、阿拉伯为什么会演变成椭圆"0"零呢?这恐怕可用美学观点来解释,从1~9都是长条的形状,"0"也就自然地构成了"0"。

综上所述,零的产生,是中外文化交流的结果,我们中国古代的数学家为零的产生做出了巨大的贡献,印度、阿拉伯等的外国科学家为之付出了杰出的劳动。

第三节　整数见闻

一、完全数

"6"这个数人人喜欢,它代表吉祥如意,神话上说至高无上的宇宙之神在6天之内创造万物,第7天休息,从此有一周七天,星期日休息的作息制。从数学上看,6有三个数能除尽它:1,2,3,1+2+3恰为6。称一个自然数为完全数,如果它的全体因数(含1不含该数本身)之和恰等于这个数。例如

$$28=1+2+4+7+14$$

28是第二个完全数。完全数和完美无缺的人一样是十分罕见的。从欧几里得开始起,几千年的研究仍然没有搞清楚有没有奇数完全数。到1996年,人们具体写出了34个完全数,例如6,28,496,8128,33550336,8589869056,137438691328,2305843008139952128等。后面的完全数都非常之大。例如,1936年美国联合通讯社播发了一条令外行人瞠目结舌的新闻,《纽约先驱论坛报》报道说:"克利格(Kireger)博士发现了一个155位的完全数$2^{256}(2^{257}-1)$,该数是:26156158598 85194199148049996411692254958731641184787655447122887443528060 146978161514511280138383284395050502846511883172842121250598536823088593848825282562308859384882528256。这位博士说,为了证明它确为完全数,足足奋斗了五年之久。"这位博士也真够孤陋寡闻和盲目行事的了。实际上两千多年前,欧几里得已经告诉大家$2^{n-1}(2^n-1)$是完全数,其中n是正整数,后经欧拉严格证明,欧几里得公式是正确的。数学家应当当心,自己发现的可能是块"旧大陆",并非什么新成就。

二、亲和数

220 的约数是：

$$1,2,5,11,4,10,22,20,44,55,110$$

284 的约数是：

$$1,2,71,4,142$$

220 的约数之和为：

$$1+2+5+11+4+10+22+20+44+55+110=284$$

284 的约数之和为：

$$1+2+71+4+142=220$$

这里甲数约数之和等于乙数，乙数约数之和等于甲数，这样的甲乙两数称为亲和数，这两个数虽不是完全数，但交替后则两全其美，正如毕达哥拉斯所言："朋友即另一自我，犹如 220 与 284 一样。"

在贝勒著，谈祥柏译的《数论妙趣》一书中给出了一个 28 节的亲和圈

$$\upsilon_1 \upsilon_2 \upsilon_3 \cdots \upsilon_{27} \upsilon_{28} \upsilon_1$$

其中

$\upsilon_1=14316$，　$\upsilon_2=19116$，　$\upsilon_3=31704$，　$\upsilon_4=47616$，

$\upsilon_5=83328$，　$\upsilon_6=177792$，　$\upsilon_7=295488$，　$\upsilon_8=629072$，

$\upsilon_9=589786$，　$\upsilon_{10}=294896$，　$\upsilon_{11}=358336$，　$\upsilon_{12}=418904$，

$\upsilon_{13}=366556$，　$\upsilon_{14}=274924$，　$\upsilon_{15}=275444$，　$\upsilon_{16}=243760$，

$\upsilon_{17}=376736$，　$\upsilon_{18}=381028$，　$\upsilon_{19}=285778$，　$\upsilon_{20}=152990$，

$\upsilon_{21}=122410$，　$\upsilon_{22}=97946$，　$\upsilon_{23}=48976$，　$\upsilon_{24}=45946$，

$\upsilon_{25}=22976$，　$\upsilon_{26}=22744$，　$\upsilon_{27}=19916$，　$\upsilon_{28}=17716$，

我们仍约定，自然数的因数中含 1 不含该自然数本身，则 υ_1 因数之和等于 υ_2，υ_2 因数之和等于 υ_3，…，υ_{28} 因数之和等于 υ_1，这是一种周期为 28 的一个循环亲和圈，28 也是一个好数，它是第二个完全数。

三、勾股数

我国数学名著《周髀算经》中载育名句:"句(勾的古写)广三,股修四,径隅五。"说的是勾三股四弦五,即 $3,4,5$ 是一个直角三角形三边之长,它们满足方程 $x^2+y^2=z^2$,称满足此方程的三个正整数为勾股数。公元 263 年,刘徽给出四组勾股数 $\{5,12,13\}$,$\{8,15,17\}$,$\{7,24,25\}$,$\{20,21,29\}$。

$$x=k(m^2-n^2), y=2kmn, z=k(m^2+n^2)$$

是勾股数,其中尾,k,m,n 是正整数,$m>n$。事实上,$x^2=k^2(m^4+n^4-2m^2n^2)$,$y^2=4k^2m^2n^2$,则有

$$x^2+y^2=k^2[m^4+n^4-2m^2n^2+4m^2n^2]$$
$$=k^2[m^4+n^4+2m^2n^2]$$
$$=k^2(m^2+n^2)^2=z^2$$

所以 $\{x,y,z\}$ 是勾股数。

容易证明,每组勾股数皆可表成这种形式。

勾三股四弦五提示我们想到这样的问题:直角三角形的三条边长是连续整数的除了 $\{3,4,5\}$ 之外还有吗?直角边是连续整数的情形有哪些?

若 $x=m^2-n^2, y=x+1=2mn, z=x+2=m^2+n^2$ 是勾股弦,则求得 $m^2=x+1, n^2=1$,于是 $2mn=m^2, 2n=m=2$,因此 $x=3, y=4, z=5$,可见勾股数是连续整数的情况唯有 $\{3,4,5\}$。

但是,勾股数 $\{x,y,z\}$ 中,$|x-y|=1$ 的情形则有无穷多种,例如 $\{3,4,5\}$,$\{20,21,29\}$,$\{119,120,169\}$,$\{696,697,985\}$,$\{4059,4060,5741\}$,$\{23660,23661,33461\}$,$\{137903,137904,195025\}$,$\{803760,803761,1113689\}$,$\{4684659,4684660,6625109\}$,$\{27304196,27304197,38613965\}$,等等。

按三角形最短直角边大小排序第 100 个,$|x-y|=1$ 的勾股数为

$\langle x, y, z \rangle$

$\{21669693148613788330547979729286307164015202768699465346081691992338845992696, x+1, 30645573943232956180057972969833245887630954508753693529117371074705767728665\}$

x 与 y 如此之大，仅仅相差 1，其比值几乎是 1，可见相应的直角三角形和等腰直角三角形已经十分相似了。

上面考虑的是方程 $x^2+y^2=z^2$ 的正整数解。这使我们自然想到 $x^n+y^n=z^n$ 的正整数解，其中，$n>2$。1673 年法国数学家费马提出如下猜想：

当 $n>2$ 时，$x^n+y^n=z^n$ 无正整数解。费马（P. Fermat，1601~1665）在古希腊数学家丢番图（Diophatus，公元前 1~3 世纪）《算术》一书的空白处写道："把任何高于 2 次的幂分成两个同次幂是不可能的，对此，我已找到一个巧妙的证明，但此处纸边太窄，无法写出。"后人称此猜想为费马大定理。费马去世后，后人整理他的遗稿时，只找到了 $n=4$ 情形的证明。人们对费马在《算术》上写的话是否是谎言，莫衷一是。

后来，欧拉对 $n=3$ 证明了费马猜想。19 世纪，法国科学院悬赏征解费马大定理，大数学家勒让德（Legendre）和狄利克雷（Dirichlet）证明了 $n=5$ 的情形，费马大定理成立；雷蒙（Lame）和狄利克雷又证明了，$n=7$ 的情形，费马大定理成立；到 20 世纪 70 年代，已经把使费马大定理成立的指数，2 证明到 10 万以上。在冲击费马大定理的历史上，有两个大数学家在它面前跌过跤，出过丑，一个是为微积分的严格化建功立业的数学家柯西（Cauchy），他向法国科学院提交了证明费马大定理的论文，几周后他自己觉得证明不成功又要回了自己的文章；一个是日本数学家功岗，他在 20 世纪 70 年代宣称证明了费马大定理，世界各大通讯社都正式报道了这一消息，日本乃至全世界都为之轰动。但他的论文的归宿与柯西的何其相似，也是几周之后，功岗自己收回了那篇错误的证明文章。

1993 年 6 月，在英国剑桥牛顿数学研究所的一个讨论班上，美国普林斯顿大学的怀尔斯(Wiles)做了三场演讲,他最后宣布证明了费马大定理,而且还进一步证明 $x^n + y^n = z^n (n \geqslant 3)$ 没有非零有理数解。第二天,《纽约时报》头版头条报道了这一轰动全球科学界的消息,配发了费马的照片,怀尔斯与克林顿、戴安娜一起列入 1993 年最令人敬仰的人物之一。戏剧性的情节又发生了,6 个月之后,怀尔斯发出电子邮件,承认了自己的证明中有漏洞。值得庆幸的是,这一次怀尔斯没有像柯西和功岗那样栽跟斗。1994 年 10 月 25 日,INT 网上传出喜讯,怀尔斯关于费马大定理的证明文章已修正定稿,该定理被彻底证明,它是 20 世纪最出色的科学成就之一。

怀尔斯的文章长达 200 多页,是他单枪匹马进行了 7 年艰苦研究的结晶。怀尔斯是一个"为数学而数学"的忠实信仰者,他声称:"我肯定不希望看见数学沦为应用的仆人,因为这甚至不符合应用自身的利益;费马大定理本身不可能有什么用途。"《科学》(中文版,1994,第 2 期)豪根(Horgan)著文问道:"费马大定理的证明是不是一种正在消逝的文化的最后挣扎呢?"怀尔斯"是一位杰出的遗老吗?"他说:"怀尔斯避开了计算机和应用及其他种种令他讨厌的东西,但是,将来怀尔斯式的人物会越来越少。"看起来,对纯数学中的古典疑难问题的研究以及为之处心积虑手写超长证明已经厌倦的数学家确实大有人在。数学家瑟斯顿(Thurston)说得更难听:"把数学在原则上简化为形式证明是 20 世纪所特有的一个不可靠的念头,高度形式化的证明比那些借助更直观的证明更有可能出毛病,""集论是建立在有礼貌的谎言的基础之上的。我们赞同这些谎言,即使我们知道它不是真的。数学的基础在某些方面有点不现实的味道。"贝尔实验室的科学家格拉哈姆(Graham)说:"背离传统的证明的潮流或许是不可避免的。单靠人的思维无法证明的东西是一片汪洋大海,与这片大海比起来,你能够证明的东西,或许只是些孤零零的小岛,一些例外情况而已。"

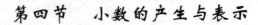

第四节　小数的产生与表示

小数,即不带分母的十进分数,它的完整称呼应是"十进小数"。小数的出现标志着十进位记数法从整数扩展到了分数,使分数与整数在形式上获得了统一。

小数产生的前提有两个:一是十进制记数法的使用,二是分数概念的完善。3世纪,我国数学家刘徽在注释《九章算术》时,在处理平方根问题中提出了十进小数。刘徽说:"……凡开积为方……求其徽数,徽数无名者,以为分子,其一退十为母,其再退以百为母,退之弥下,其分弥细……"

刘徽提出的十进小数包含三层意思:

(1)在求一个数的平方根时,如果求得平方根的个位后,被开方数仍未开尽,这时可以继续开方求出其"徽数"。所谓"徽数"即整数以下小数部分的统称。

(2)"徽数"的表示方法有两种:一是署名,用比整数单位更小名称来表示;二是以十进分数表示,其分子是继续开方时所求得的各数,分母分别是十、百、千等。

(3)十进分数的表示具有无限性。

这三层意思完整地揭示了十进分数,即小数的本质。如果与现代的小数概念比较,只是差在小数的符号形式上。下举例说明:设有被开方数 N(平方忽),其平方根的整数部分为 a 忽(忽是我国当时最小的一个长度单位,它的上面是丈、寸、分、厘、毫、秒等)。另有余数为 r(平方忽),对其继续开方,求"徽数"。若 a_1 为继续开方后的第一个数字,那么就把它作为分子,以10作为分母("其一退十以为母");若仍有余,则再求一次得 a_2,又以 a_2 为分子,以100为分母("其再退以百为母"),依此类推,若开

到第 n 次对开尽,那么就得: $\sqrt{N} = a + \dfrac{a_1}{10} + a + \dfrac{a_2}{100} + \cdots + \dfrac{a_n}{10^n}$(忽)。若仍开不尽,则可再开,其值越来越精细("退之弥下,其分弥细")。由于我国的筹算具有很强的位置观念,一般十进分数都可以通过该数字所在的位置来表示,而无须再置分母。因此像上面的十进分数在筹算中就被表示为

$$\overset{\text{忽}}{a} \quad a_1 \quad a_2 \cdots \quad a_n$$

其中 a 上面注"忽"表示它是整数部分,其余各数相应地表示整数以下(小数)的各位数。例如,元代刘瑾在其《律吕成书》中,将 11314285714.72 写为

忽

忽又将 106368.6312 写成

忽

忽这种 10 进小数的记法与现代记法本质完全一样,只差一个小数点。

我国 10 进小数的这种表示法,后来影响到印度。古代印度数学家在开平方开不尽时,也采取刘徽提出的继续开的办法。他们将小数部分的各数,分别用圆圈出示与整数区别,如 42.56 表示为 42⑤⑥。这种方法后来又影响到中亚和欧洲。

欧洲关于十进小数的最大贡献者是荷兰工程师斯台文(Simon Stevin)。他从制造利息表中体会到十进小数的优越性,因此他竭力主张把十进小数引进到整个算术运算中去,使十进小数有效地参与记录。不过,斯台文的小数记法并不高明,例如,139.654,他写作 139◎6①5②4③,每个数后面圈中的数,是用来指明它前面数字位置的。这种表示方法,使小数的形式复杂化,而且给数和运算带来很大的麻烦。

在俄罗斯人杰普门所写的《数学故事》里，提出历史上较早地把小数引进数学里的是中亚数学家阿勒卡。阿勒卡在 15 世纪初期写了一本《关于圆的教科书》，书中计算了一个有 800335168 边的正多边形的边长，得到 π 精确到小数点后 16 位的值。杰普门认为这比欧洲出现小数要早 175 年，是世界上较早出现的小数。

《关于圆的教科书》中算出：$2\pi = 6 + \dfrac{16}{60} + \dfrac{59}{60^2} + \dfrac{28}{60^3} + \dfrac{1}{60^4} + \dfrac{34}{60^5} + \dfrac{51}{60^6}$

$+ \dfrac{46}{60^7} + \dfrac{14}{60^8} + \dfrac{50}{60^9}$ 并在这数的下面写道：

原数 62831853071795865

这个数就是把上面所写的 2π 的值从六十进制转变为十进制数：6.2831853071795865。把这个数除以 2，就得到 π 的近似值：3.1415926535897932。

1592 年，瑞士数学家布尔基（Jobst Burgi，1552～1632）对此作出较大的改进。他用一个空心小圆圈把整数部分和小数部分隔开，比如，把 $36 \cdot 548$ 表示为 36.548 这与现代的表示法已极为接近。大约过了一年，德国的克拉维斯，首先用黑点代替了小圆圈。他在 1608 年发表的《代数学》中，将他的这一做法公诸于世。从此，小数的现代记法被确立下来。

1617 年，耐普尔（John Napier，1550～1617）提出用逗号"，"做分界记号。这种做法后来在德、法、俄等国广泛流传。至今，小数点的使用仍分为两派，以德、法、前苏联为代表的大陆派用逗号，以英国为代表的岛国派包括美国用小黑点，而将逗号作分节号。π 的数值，大陆派的写是 3，141 592 653…，岛国派的写法则是 3.141,592,653,…。

我国在 18 世纪笔算逐渐代替了筹算，西方的小数记法也传了进来。1723 年，由康熙（1654～1722）主持下编纂的《数理精蕴》中就出现了小数点记号，比如把 345.67 写作（三四五六七），把和点放在整数部分的右上角。但是这种记法在当时没被普遍采用，对小数的记法在我国仍很杂乱，直到 19 世纪后期小数的现代形式,才在国内普遍流行起来。

第五节　最早的二进制

相传,八卦是我国上古时期一位贤明的帝王伏羲氏创造的。当时,我国正由渔猎社会逐步向农业社会过渡。由于耕种、放牧和捕鱼等生产上的需要,人们就得研究天文和地理。而研究天文地理,又需要数学的帮助。为了记数,伏羲氏发明了 8 个符号,并规定了它们的名称:

后来,人们就把这八个符号叫做"八卦"。

上面这八个字,每个字都表示一样东西:乾表示天,坤表示地,震表示雷,艮(读作 gèn)表示山,离表示火,坎表示水,兑表示泽,巽表示风。为了帮助人们记忆这八个符号,伏羲氏还专门编了 8 句歌诀:

"乾三连。坤六断。震仰盂。艮复盘。离中虚。坎中满。兑上缺。巽下断。"

这每一句 3 个字,第一千字就是卦名,后两个字形容卦形或所表示的东西的形状,如"乾三连"是讲乾形的上、中、下三划都是连而不断的,"艮复盘"是讲艮卦形如一只倒放着的碗。

每个卦的上、中、下三划叫做"三爻"(音肴)。形状如"—"的叫"阳爻",如"— —"的叫"阴爻"。上面一划叫"上爻",中间一划叫"中爻",下面一划叫"初爻"。如果把阳爻"—"当做阿拉伯数字中的"1",阴爻"——"当做"0",把初爻看做是第一位上的数字,中爻和上爻依次看做是第二位和第三位上的数字,我们便可以把八卦所代表的二进位数表示如下:

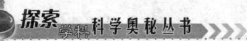

卦名	符号	二进位制记法	十进制
坤	☷	$000(0 \times 2^2 + 0 \times 2^1 + 0 \times 2^0)$	0
震	☳	$001(0 \times 2^2 + 0 \times 2^1 + 1 \times 2^0)$	1
坎	☵	$010(0 \times 2^2 + 1 \times 2^1 + 0 \times 2^0)$	2
兑	☱	$011(0 \times 2^2 + 1 \times 2^1 + 1 \times 2^0)$	3
艮	☶	$100(1 \times 2^2 + 0 \times 2^1 + 0 \times 2^0)$	4
离	☲	$101(1 \times 2^2 + 0 \times 2^1 + 1 \times 2^0)$	5
巽	☴	$110(1 \times 2^2 + 1 \times 2^1 + 0 \times 2^0)$	6
乾	☰	$111(1 \times 2^2 + 1 \times 2^1 + 1 \times 2^0)$	7

由此可见,八卦实际上是最早的二进位制。

第六节 数的运算

古埃及人的算术主要是叠加法。进行加减法时,用添上或拆掉一些数字记号求得结果,而进行乘法或除法运算时,则需利用连续加倍的运算来完成。例如,计算 27×53 与 $745 \div 26$ 时,只要把 53 的 $1+2+8+16(2^0+2^1+2^3+2^4=27)$ 这些倍数加起来,即求得 27×53 的积;连续地把除数 26 加倍,直到再加倍就超过被除数 745 为止,即 $745=416+329=416+208+121=416+208+104+17$,从而得商为 $16+8+4=28$,得余数为 17。

古埃及算术最值得注意的方面是分数的记法和计算。古埃及人通常用单位分数(指分子为 1 的分数)的和来表示分数,如"⚇"表示 $\frac{1}{5}$,"⚇"表示 $\frac{1}{10}$ 等。古埃及人是利用单位分数表:$\frac{2}{5}=\frac{1}{3}+\frac{1}{15}$,$\frac{2}{7}=\frac{1}{4}+\frac{1}{28}$,…,$\frac{2}{97}$

$=\dfrac{1}{56}+\dfrac{1}{579}+\dfrac{1}{776},\dfrac{2}{99}=\dfrac{1}{66}+\dfrac{1}{198}$ 等来表示一个分数或两个正整数相除。

例如,要用 5 除以 21,运算程序可以如下地进行:$\dfrac{5}{21}=\dfrac{1}{21}+\dfrac{2}{21}+\dfrac{2}{21}=\dfrac{1}{21}+$

$\dfrac{1}{14}+\dfrac{1}{42}+\dfrac{1}{14}+\dfrac{1}{42}=\cdots=\dfrac{1}{7}+\dfrac{1}{14}+\dfrac{1}{42}$。由于整数与分数的运算都较为繁复,古埃及算术难以发展到更高的水平。

巴比伦人对于加减法的运算只不过是加上或去掉些数字记号而已。加法没有专门的记号,减法用记号"$\triangleright^-$"表示,例如,"$\mathcal{Y}$ᛒᎱᎱᎱ"表示 $40-3$。关于乘法,是在整数范围内进行的,其记号是"IIᛒᎱᎱ"。如果要计算 36×5,做法是 $30\times 5+6\times 5$,这可以看做是乘法分配律的萌芽。为了便于计算,他们大约在公元前 2000 年以前已经研制了从 1×1 到 60×60 的乘法表,并用来进行乘法运算了。关于除法,是整数除以整数的运算,是采用与倒数相乘的办法来进行,于是经常要使用分数。除了乘除法之外,巴比伦人还能借助于泥板上的数表来进行平方、开平方、立方、开立方的运算。对于 $\sqrt{2}$ 的近似表达已达到了很高的水平,但是还没有根据证明他们已认识了无理数。

公元前 2100 年,巴比伦人使用了比较复杂的分数。记数时采用六十进制,在他们的著作中已出现六十分制的分数。如用 $\dfrac{1}{60}+\dfrac{1}{60^2}+\dfrac{1}{60^3}$ 表示

$1°$ 角的正弦函数值,即 $\sin 1°=\dfrac{1}{60}+\dfrac{1}{60^2}+\dfrac{1}{60^3}$,这是世界上最早的分数。

中国古代人用的计算工具是算筹,摆筹进行加减运算。在商代至少有加法、减法和乘法运算,只是没有明确的记载。实际上,甲骨文只能记录结果,而不能记载算法和运算过程。周代以后有了一些运算的记载,例如,战国时李悝在《法经》中以一户农民为例计算了收支情况:"今一夫挟五口,治田百亩,岁收亩一石半,为粟百五十石,除十一之税十五石,余百

三十五石。食:人月一石半,五人终岁为粟九十石,余有四十五石。石三十(钱),为钱千三百五十,除社间尝新春秋之祠用钱三百,余千五十。衣:五人终岁用千五百,不足四百五十。"这笔账里用到了减法、乘法和除法,由于加法早已通行,所以这里算术四则运算已经齐备了,特别值得注意的是,计算中最后还出现了"不足"的数,李悝未必理解现代观点下的负数,但却为负数概念的形成提供了实例。

从出土的文物来看,春秋战国时期的文献中已有乘法口诀,次序与现代不同,由"九九八十一"开始,因此又称乘法口诀或乘法表为"九九",这种次序流行了一千六七百年,直到南宋初才改为现今的顺序。

我国使用分数的时间应该很早,至迟在春秋战国时期的著作中有许多有关分数及其应用的记载。例如,《墨子》中讲到有关食盐分配问题时有:"二升少半"和"一升大半"的记载,其中"少半"和"大半"就是 $\frac{1}{3}$ 和 $\frac{2}{3}$,还有当时称"半"的,即为 $\frac{1}{2}$。我国很早就有合理的分数表示法,在筹算中,除法本身就已包含了分数的表示法。例如,$176 \div 15$,按筹算除法规则,第一步先摆成如图 2-3 左边的式子。这种摆法也就是分数 $\frac{176}{15}$ 的筹算表示式。

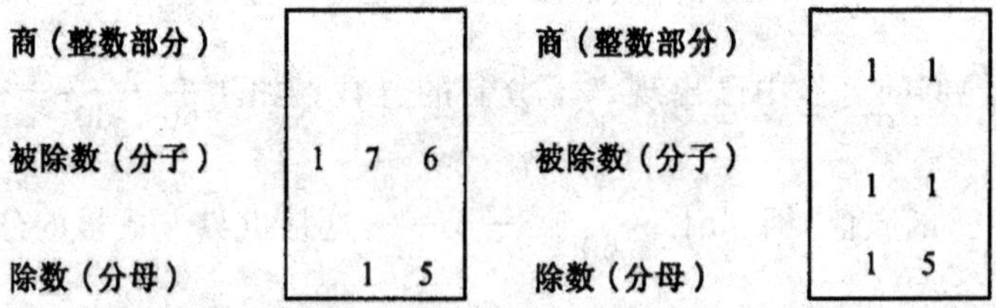

商(整数部分)				商(整数部分)			1 1
被除数(分子)	1	7	6	被除数(分子)			1 1
除数(分母)		1	5	除数(分母)			1 5

图 2-3

通过相除的运算后,上图左边所示的筹式就转变为上图右边的形式,这又成了带分数的一种表示式。尽管这种分数的表示法与现代的不同,但是这些差异并不妨碍筹式分数运算的准确性和简捷性。

早在 1 世纪,在我国的《九章算术·方田章》中,就有关于"约分"、"通分"、"合分"(分数加法)、"减分"(分数减法)、"乘分"(分数乘法)、"经分"(分数除法)、"课分"(分数的大小比较)、"平分"(求分数的平均数)等分数运算法则的记载。其中约分法与现在一样,先求最大公约数,后用最大公约数分别除分子、分母,在做除法时,将除数的分子、分母颠倒而与被除数相乘,这在当时是一个很杰出的创造。

《九章算术》是世界上最早的系统叙述分数的著作,比欧洲要早出1400 余年。在 3、4 世纪,印度开始出现与我国同样的分数表示法,如 $1\frac{1}{3}$ 写成 $\overset{1}{\underset{3}{1}}$,也是把带分数的整数部分定在分数部分的上面。直到 12 世纪,印度数学家波什伽逻著《立拉瓦提》(Lilavati),仍采用中国的这种记法。12 世纪后期,在阿尔·哈萨(Al－Hassar)的著作中首次出现分数线。如

$\overset{3}{\underset{5}{}}\ \overset{3}{\underset{8}{}}\ \overset{2}{\underset{9}{}}$ 用现的的表示法为 $\dfrac{2+\dfrac{3+\dfrac{3}{5}}{8}}{9}$

后来,斐波纳契著《算盘书》介绍了阿拉伯数学,把分数线一起介绍到了欧洲。但是,没有被欧洲数学界及时接受。难怪一些欧洲数学家说:"欧洲人长期专注于单分数是文化上的一种偏见,它像罗马记数法一样严重地推迟了数学的进步。"

古代印度是在不大的书写板上进行数的计算的,写上的字容易被擦掉,但和今天的顺序不一样,是从左向右进行计算的。例如,345 和 488 相加时,在书写板下方并列写上这两个数,3＋4＝7 写在最左一列的上头;然后 4＋8＝12 把 7 擦掉,改为 8,后面写个 2;然后 5＋8＝13,把 2 擦掉改为 3,后面写个 3,得最后结果为 833,如图 2－4 所示。

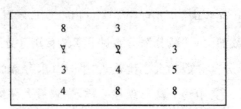

图 2—4

减法用的是"补是法"。在此法中,总是从 10 中减去底下的数字,将差加入上面的数字中。例如 6273－1528,从个位开始做,10 中减去 8 为 2,2 加 3 是 5;6 中减去 2 为 4;10 中减去 5 为 5,5 加 2 是 7;5 中减去 1 为 4,最后答案为 4 745。

乘法用"格栅法"。例如,计算 738×416,先画一个格栅,把 738 写在顶上,416 写在右边。计算 4×8=32,4×3=12,等等,依次将所得结果都列入格栅后,从右下角起给对角线相加得 307 008,如图 2—5 所示。

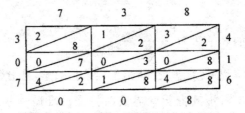

图 2—5

从上面的计算程序看出,计算方法与我们今天的程序很相近。这种运算程度大约在 19 世纪被所阿拉伯人采用,后来又传到西欧,对于算术运算方法的发展起了重要的作用。

第七节 "算术"的涵义

在我国,"算术"一词正式使用于《九章算术》一书中。《九章算术》一书为九章,即《方田》、《粟米》、《衰分》、《少广》、《商功》、《均输》、《盈不足》、

《方程》、《勾股》九章。这些大都是实用的名称。"旷方田"是指土地形状，讲的是土地面积的计算，属于几何的范围；又如，"粟米"是粮食的代称，讲的是各种粮食间的兑换，主要涉及的是比例，属于今天算术的范围；再如，"方程"指一种计算程式，讲述了一次联立方程的解法，属于代数的范围。可见，当时的"算术"是泛指数学的全体，与现今的意义不同。

"算"的古体字之一是"筭"。据我国最早的分部首字典《说文解字》解释："筭，长六寸，计历数者，从竹从弄，言常弄乃不误也。""筭"是指一种竹制的计算器具。筭下面的"弄"字表示计算之事并非容易，需"常弄而不误"，摆弄这套"筭（算）"，需要技术，于是它就叫做"算术"了。既然"算"字的含义包括了一切与计算有关的数学内容，那么作为计算技术的"算术"就是泛指当时的全部数学。

5世纪以后（隋朝时代），我国数学再次获得高度发展，国家成立了培养天文学家和数学家的专门机构，称之为"算学"，它相当于在大学里的数学系。"算学"虽作为一个机构的名称，但因其专与算术打交道，久而久之它便和"算术"相通了。

约6世纪，我国还出现过"数术"这一名词。它曾见于北周甄鸾（约550年）所撰的《数术记遗》，当时的含义是指数的记法、进位法则计算法等，较"算术"的含义窄小。大约于12世纪由数术派生出"数学"这一名词。如秦九韶所著的《数书九章》也叫做《数学大略》。在其他宋元时代数学家的著作中，也可见到"数学"与"算学"相并用的情况。

在西方，"算术"是指有关数的运算方法和技巧，不包括几何代数等内容，与我国泛指全部数学不同。

希腊数学家把数的理论分成两种：一是"数目学"，它以整数为对象，从哲学的角度来研究整数的性质，它相当于现今的数论。二是"计算术"。可见希腊的"算术"与现在所指的算术大致相仿。由于希腊的"数目学"与哲学相关，因此备受当时哲学家器重，而"算术"则被讥之为"低下技术"，受到轻视。也正因为如此,希腊在算术方面远不如在几何与数论方面的成就。

12世纪,希腊、中国的数学连同"算术"、"几何"、"数论"等名词,经阿拉伯、印度等地流传到欧洲,始于阿拉伯的"代数"这个名词也随之传入。于是,根据研究对象和方法的不同,开始较明显地出现几个不同的数学分支。虽然在相当长的一段时间里,"算术"还是作为数学总体的身份出现,但随着各个数学分支的不断充实,彼此的特征愈益明显,"算术"也就逐渐失去了作为整个数学的统称的资格,而恢复其在古希腊时的面目。不过,现在西方还有一些数学家仍把算术看做是包括数论在内的数学分支,像高斯的数论名著就叫《算术研究》。

19世纪起,西方的一些数学学科,包括代数、三角、解析几何、微积分、概率论等相继传入我国。我国古有的"算术"一词,已经无法作为数学的统称,于是就彻底失去了与算学、数学相当的地位。1935年,中国数学会成立数学名词审查委员会,对当时使用的数学名词逐一进行审查,确立起"算术"现在的意义,而算学与数学仍并存使用。1939年6月,为了统一,才确定用"数学"而不用"算学"。

历史上曾出现过的算术、算学、数术、数学,经千百年的发展变化,特别是近几百年中西数学融会贯通,至今留下了算术和数学两名称,其意义变得更加确切和完整了。

第八节　算术的基因和基理

算术四则运算,人人都有体会,那就是加减法简单,乘法也不太难,有个"九九歌",背熟了去乘就是了。除法里"事儿"多,除得尽还好,除不尽还要考虑约分与余数,等等,花样不少。例如:100÷4可以写成

$$\frac{100}{4} = \frac{2^2 \times 5^2}{2^2} = 5^2 = 25$$

我们看到,除法实质上是分子分母的约分,等到把分子分母的公共因子都约光了,剩下的就是既约分数,如果这时分母为1,就除尽了。分子上的因子有两个2,两个5,这两个因子不能再变小,当然4和25,或20,也是100的因子,但它们还可以变小,那些不能再变小的因子,即除了1与自身外,别的自然数除不尽的自然数,是最简单朴素的了,我们称这种数为素数(朴素的素)或质数(质朴的质),1也是这类性质的数,但大家约定1不称为素数,因为如果让1取得素数资格,例如100则可以写成100 $= 1 \times 1 \times 1 \times 1 \times \cdots \times 1 \times 2 \times 2 \times 5 \times 5$,前方爱写几个1就写几个1,这就很不妙,一个自然数写成素数之积的形式时,形状就不唯一了。经验表明,如果不让1参加,一个自然数若不是素数,例如100,4什么的,可以唯一地写成若干素数的积,这一结论也可以用数学归纳法证明,这就是著名的算术基本定理。

大于1的不是素数的自然数称为合数,即由若干素数相乘而成的数。

素数是合数的基因,任给大于1的自然数 N,存在唯一的素数列 $P_2 \leqslant P_2 \leqslant \cdots \leqslant P_n$,使得 N 唯一地写成 $N = P_1 P_2 \cdots P_n$,此定理是算术的基本定理,算术中很多证明,尤其是涉及除法时,主要靠这条结论去说理。

如果 N 是合数,则 $N = P_1{}^{a_1} P_2{}^{a_2} \cdots P_m{}^{a_m}$,$(m \geqslant 1)$,$P_l, P_2, \cdots, P_m$ 是互异素数,$a_1, \cdots, a_m$ 是正整数,其中 $P_1 < P_2 < \cdots < P_m$,则显然 $P_1 \leqslant \sqrt{N}$。据此,我们可以用下面的所谓"筛法"筛出不超过 N 的一切素数。这种筛法是希腊的埃拉托色尼(Eratosthenes)发明的,以 $N = 30$ 为例,说明筛法的操作如下:

由于不超过 N 的合数的最小素因子不超过 $\sqrt{N}$,因此欲求不超过 N 的一切素数,只需把 $1, 2, \cdots, N$ 中不超过 $\sqrt{N}$ 的素数的倍数划去(筛除),剩下的就是素数。

○ □ △
1, 2, 3, ④, 5, ⑥, 7, ⑧, ⑨, ⑩, 11, ⑫, 13, ⑭, ⑮, ⑯,
17, ⑱, 19, ⑳, ㉑, ㉒, 23, ㉔, △㉕ ㉖, ㉗, ㉘, 29, ㉚

$\sqrt{30}<6$，所以只考虑划去 2，3，5 的倍数，剩的是不超过 30 的那些素数：2，3，5，7，11，13，17，19，23，29。

显然，这种方法只能写出不超过 N 的自然数中素数的清单，N 后面的自然数中还有不少素数，例如 30 之后的 31 就是。欧几里得第一个证明，素数的个数是无穷的。

事实上，若所有素数为户 P_1，P_1，$\cdots$，P_k，取 $N = P_1 P_2 \cdots P_k + 1$，$N > 1$，设 N 本身是素数，N 能除尽 $P_1 P_2 \cdots P_k + 1$（商为 1），又 P_1，P_2，$\cdots$，P_k 是所有素数，则 N 是某个 P_i，$i \in \{1,2,\cdots,k\}$，于是 N 能除尽 $P_1 P_2 \cdots P_k$，$P_1 P_2 \cdots P_k + 1$ 被 N 除余 1，与 $N = P_1 P_2 \cdots P_k + 1$ 矛盾。若 N 是合数，则 N 有一个素数因子 P，于是 $P = P_2$，$i \in \{1,2,\cdots,k\}$，不能除尽 $P_1 P_2 \cdots P_k$，不能除尽 $P_1 P_2 \cdots P_k + 1$，即 P 不能除尽 N，与户是 N 之因子矛盾，可见全体素数不是有限个。

素数既然是算术中的基因，几乎所有的算术命题当中，都有素数参与其中，有关素数的命题集中了算术学科的难点。广为人知的难题很多，例如下面两个就是算术中难题的代表。

1. 关于孪生素数的黎曼猜想：孪生素数有无穷个

所谓孪生素数，即相差为 2 的一对素数，例如 (3,5)，(5,7)，(11,13)，(17,19)，等等。

至今无人能证明或反驳这一猜想。

2. 哥德巴赫猜想

1742 年 6 月 7 日，圣彼得堡中学教师，德国人哥德巴赫给瑞士数学家欧拉写信提出如下猜想：

每个大于或等于 6 的偶数都是两个素数之和；每个大于或等于 9 的

奇数都是三个素数之和。

两素数之和当然是偶数,但是事情让哥德巴赫反过来一提,可就给数学界惹来了天大的麻烦。欧拉给哥德巴赫的回函中说:"我不能证明它,但是我相信这是一条正确的定理。"欧拉无能为力的问题,别人怕是很难解决了。在其后的150多年当中,多少专业的和业余的数论工作者,都兴趣盎然地冲击这一看似真实的命题,无奈人人不得正果。1900年,数学界的领袖人物希尔伯特(Hilbert)在巴黎召开的世界数学家大会上向20世纪的数学家提出23个待解决的名题,其中哥德巴赫猜想列为第八问题,可惜20世纪的百年奋斗仍然辜负了希尔伯特的期望。

奉劝阅历尚浅、热情十足的年轻朋友,不可受某些不懂数学的记者们的误导,随便立志以攻克哥德巴赫猜想为己任,而应当从实际出发,打好坚实的数学理论基础,培养数学研究的能力,再来考虑攀登高峰的问题。

这里面对的是一个数学问题,不能沿用物理学家诉诸反复若干次实验来证实的办法,例如有人对不超过 33×10^6 的偶数逐一验证,哥德巴赫猜想都是成立的,但那仍然不能解决问题。

下面是近百年来关于哥德巴赫猜想的大事记。

1912年,数学家朗道提出相近的猜想:

存在一个自然数 M,使得每个不小于2的自然数皆可表成不超过 M 个素数之和。

此猜想于1930年证明为真;如果 $M \leqslant 3$ 就好多了。

1937年,前苏联数学家维诺格拉多夫证明了哥德巴赫猜想的后半句为真,即大于或等于9的奇数是三个素数之和,这是关于哥德巴赫问题的重大突破,引起了不小的轰动。但前半句至2000年基本上未被解决。

我们约定:命题"大于等于6的偶数可表成 α 个素数之积加上 β 个素数之积"记成 $(\alpha + \beta)$,则哥德巴赫问题是:证明或反驳 $(1+1)$。

1920年,朗道证明了 $(9+9)$。

1924 年,拉德马哈尔证明了(7+7)。

1932 年,依斯特曼证明了(6+6)。

1938 年,布赫塔布证明了(5+5)。

1938 年,华罗庚证明了几乎所有的偶数都成立(1+1)。

1940 年,布赫塔布等证明了(4+4)。

1947 年,雷尼证明了(1+a)(这里 a 是一个未定出的大常数)。

1955 年,王元证明了(3+4)。

1957 年,小维诺格拉多夫证明了(3+3)。

1957 年,王元证明了(2+3)。

1962 年,潘承洞证明了(1+5)。

1962 年,潘承洞、王元证明了(1+4)。

1965 年,布赫塔布、小维诺格拉多夫、邦比尼证明了(1+3)。

1966 年,陈景润证明了(1+2),于 1973 年发表。

尽管(1+2)离(1+1)只"一步之遥",但一步登天的事谈何容易!从陈景润搞出(1+2)至今已有 30 多年,一直没有人在这个阵地上前进半步,我国的陈景润仍然是此项世界纪录的保持者。

第九节　关于素数

一、素数的故事

1. 名不副实的冠名

素数并不素,它的定义和名称似乎给人一种印象,认为素数是质朴简单的一种最基本的数,其实算术中麻烦事大都是由它惹起的。

例如,我们知道的哥德巴赫猜想和孪生素数的黎曼猜想;1989 年,Amdabl Six 小组在美国加利福尼亚圣克拉大学用 Amdahl 1200 超级计

算机捕捉到一对孪生素数

$$1706595 \times 2^{11235} \pm 1$$

可见素数名不副实。

还有一个在数学史上贻笑大方的名不副实的故事是关于威尔逊定理的事。有一个关于素数的定理,用英国法官威尔逊(Wilson,1741~1793)冠名。

威尔逊定理:若 p 为素数,则 p 可整除 $(p-1)!+1$;若 p 为合数,则 p 不能整除 $(p-1)!+1$。

事实上,这条定理是莱布尼茨首先发现,后经拉格朗日证明的;威尔逊的一位擅长拍马屁的朋友沃润(Waring)于 1770 年出版的一本书中却吹嘘说是威尔逊发现的这一定理,而且还宣称这个定理永远不会被证明,因为人类没有好的符号来处理素数,这种话传到高斯的耳朵里,当时高斯也不知道拉格朗日证明了这一定理,高斯在黑板前站着想了 5 分钟,就向告诉他这一消息的人证明了这一定理,高斯批评威尔逊说:"他缺乏的不是符号而是概念。"

两百多年来,全世界的数论教科书上都照样把这一定理称为威尔逊定理,看来还历史以本来面貌,更换本定理的冠名已无必要,也不易纠正这么多年来文献与教材上的称呼了。

威尔逊定理应用很广,例如对较大的素数 p,我们虽然无力算出 $(p-1)!$ 的值,但却知道 $(p-1)!$ 被 p 除的余数是 -1 或 $p-1$。事实上,由于 $(p-1)!+1$ 可被 p 整除,则存在自然数 n,使得 $(p-1)!+1=np$,$(p-1)!=np-1=(n-1)p+(p-1)$,所以 $(p-1)!$ 被 p 除的余数是 -1 或 $p-1$。

由于威尔逊定理戏剧性的冠名以及它的内容的重要性,难怪有人戏称:"如果有一个人不知道威尔逊定理,那他就白学了算术。"

下面介绍威尔逊定理的一种证明:

设 p 是素数，$p=2$ 时，定理成立不足道。对于奇素数，令 $a \in A = \{2, 3, \cdots, p-2\}$ 则 $B = \{a, 2a, 3a, \cdots, (p-1)a\}$ 中不会有对于除数 p 同余的两个数；事实上，若 $\alpha a, \beta a \in B$，$\alpha a \equiv \beta a \pmod{p}$，则 $a|\alpha-\beta|$ 可被 p 除尽，而 $|\alpha-\beta| a \in B$，但 B 中数不可能被 p 除尽。于是 B 中数除 p 除得到的余数形成的集合 $C = \{1, 2, \cdots p-1\}$。

设 B 中被 p 除余 1 的数是 γa：

① 若 $\gamma = 1$，则 $\gamma a = a$，γa 被 p 除余 a，又 $a \geqslant 2$，与 $\gamma a \equiv 1 \pmod{p}$ 予盾，故 $\gamma \neq 1$。

② 若 $\gamma = p-1$，则 $\gamma a = pa - a$，它被 p 除余 a，所以 $\gamma \neq p-1$。

③ 若 $\gamma = a$，则 $\gamma a = a^2$，由于 $a^2 \equiv 1 \pmod{p}$，故应有 $a^2 - 1 = (a+1)(a-1) \equiv 0 \pmod{p}$，这只能是 $a=1$ 或 $a = p-1$，此与 $a \in A$ 予盾，故 $\gamma \neq a$。

由 ①，②，③ 知 $\gamma \neq a$，$\gamma \in A$。

a 不同时，γ 亦相异；若 $a_1 \neq a_2$，$a_1, a_2 \in A$，且 $\gamma a_1 \equiv \gamma a_2 \equiv 1 \pmod{p}$，因 $\gamma a_1, \gamma a_2 \in B$，而 B 中数关于 $\bmod\ p$ 不同余，可见 $a_1 \neq a \neq 2$，则 $\gamma_1 \neq \gamma_2$。

依次取 a 为 $2, 3, \cdots, \dfrac{p-1}{2}$；使 $\gamma a \equiv 1 \pmod{p}$ 的数 γ 分别为 $\dfrac{p-1}{2}+1, \dfrac{p-1}{2}+2, \cdots, p-2$，即

$$2 \times \left(\frac{p-1}{2}+1\right) \equiv 3 \times \left(\frac{p-1}{2}+2\right) \equiv \cdots \equiv \frac{p-1}{2}(p-2)$$

$$\equiv 1 \pmod{p}$$

从而

$$\left[2 \times \left(\frac{p-1}{2}+1\right)\right]\left[3 \times \left(\frac{p-1}{2}+2\right)\right]\cdots\left[\frac{p-1}{2}(p-2)\right]$$

$$\equiv 1 \pmod{p}$$

$$2 \cdot 3 \cdots (p-2) \equiv 1 (\bmod p)$$

又 $p-1 \equiv -1(\bmod p)$，则

$$(p-1)! = 1 \cdot 2 \cdot 3 \cdots (p-2)(p-1) \equiv -1(\bmod p)$$

从而 $(p-1)! + 1$ 可被 p 除尽。

若 p 是合数，p 有因数，$q, 1 < q \leqslant p-1$，从而 $(p-1)!$ 可被 q 整除；$(p-1)! + 1$ 不能被 q 整除，亦不能被 p 整除。

2. 不能实施的素数判别法

威尔逊定理给出了一个判别法：

整除 $p \geqslant 2$ 是素数当且仅当 $(p-1)! + 1$ 可被 p 整除。

从字面上看，这个定理已经明白无误地给出了一个简洁的 $+-\times\div$ 算法，可以判断任何一个正整数是不是素数。可惜 $(p-1)!$ 太无情了，使得我们没有那么多时间和抄写空间（纸张或计算机内存）来弄清 $(p-1)$ 是几！例如 1876 年，法国数学家卢卡斯（Lucas）用手和笔发现了一个 39 位的素数

$$p = 2^{127} - 1$$
$$= 170141183460469231731687303715884105727$$

即使有朝一日某国某人算出了 $[(2^{127}-1)-1]!$，以每页书可排 2000 个阿拉伯数字计算，$[(2^{127}-1)-1]!$ 可以印成 500 页的书至少 2×10^{33} 本，比全世界的总藏书量还多得多！何况，还有比 $2^{127}-1$ 更大的素数待判定呢！

可见，威尔逊定理只有理论的价值，是一个无实施价值的判别法，或者说，它是一个无效的坏算法。

我们渴望设计出有效算法来判别任给的正整数是否是素数。这种迫切性从费马数和哥德巴赫猜想等问题上，可以感觉到。

所谓费马数，是指形如

$$F_n = 2^{2^n} + 1$$

的数,其中,$n = 0, 1, 2, \cdots$

$F_0 = 3, F_1 = 5, F_2 = 17, F_3 = 257, F_4 = 65537, F_5 = 4294967297$

F_0 到 F_4 容易判定它们都是素数,F_5 是 42 亿多的大数,费马当年无力判断 F_5 是否素数,他只是大胆猜想 F_n 每个都是素数。1732 年,欧拉算出 $F_5 = 641 \times 6700417$,从而否定了费马关于费马数素性的猜想。

1880 年,法国数学家卢卡斯算出

$$F_6 = 274177 \times 67280421310721$$

1971 年,有人对 F^7,得出素因子分解,1981 年,有人得出 F_8 的素因子分解。

1980 年,有人得出 F_{9448} 的一个因子是

$$19 \times 2^{9450} + 1$$

1984 年,有人得出 F_{23471} 的一个因子是

$$5 \times 2^{23473} + 1$$

1986 年,有人用超级计算机连续运算十天得知 F_{20} 是合数。

至今知道的素费马数还只是 F_0, F_1, F_2, F_3, F_4。

这个问题不能彻底解决的要害是今日没有搞出判别素数的有效算法,也有一种潜在的厄运,那就是判定一个数是否是素数和移动河内塔上的盘子一样,本质上就不存在有效算法。

3. 素数病毒越来越多

把 π 的小数点删去,π 就改写成了一个阿拉伯数字的无穷序列,

问:长几的前缀是素数?

例如,3 与 31 是素数;314159 是第三个素前缀;1979 年美国数学家贝利(Baillie)等人发现 π 上的第四个素前缀

$$31415926535897932384626433832795028841$$

敢问:π 还有第五个素前缀吗?第六个,第七个……呢?

把 π 换成 e,换成 $\sqrt{2}, \sqrt{3}, \cdots, \sqrt[3]{2}, \sqrt[3]{3}, \cdots \lg 2, \lg 3 \cdots$ 再问同类问题,又该

如何解答呢?

即使是温和一些的问题,例如下面问题仍然是悬案:

$$\underbrace{11\cdots1}_{n个1} = 10^{n-1} + 10^{n-2} + \cdots + 10 + 1 = \frac{1}{9}(10^{71}-1)$$

当 n 为素数时,例如 $\frac{1}{9}(10^{47}-1)$,$\frac{1}{9}(10^{59}-1)$,$\frac{1}{9}(10^{71}-1)$,$\frac{1}{9}(10^{73}$

$-1)$,$\frac{1}{9}(10^{83}-1)$,$\frac{1}{9}(10^{97}-1)$ 等等,是否是素数?或更一般地,问 $\underbrace{11\cdots11}_{n个1}$

是否是素数?

其中 n 为任意指定的自然数。

真是心血来潮,随便一问就会难倒人!这样提出问题会使人对素数产生一种反感。在形形色色应接不暇的问题当中,似应首选那些具有重要应用背景或理论背景,又有能力解决的问题去研究。

4. 重要的问题是落实算术基本定理

算术基本定理告知,任一大于 1 的整数都可以唯一地表成某些素数的乘积,即 $n = P_1 P_2 \cdots p_m$,其中 n 是任意给定的大于 1 的整数,p_1,p_2,$\cdots p_m$ 是被 n 唯一确定的素数。

问题是,如何由 n 具体地求出 P_1,P_2,$\cdots$,P_m?

这是一个有重要实用背景和计算机计算的时间复杂度理论背景的大问题。是数论的中心课题之一,也是计算机科学的主攻方向之一。

假设某年某人设计出了一个有效算法,能在多项式时间内求得 $n = p_1 p_2 \cdots p_m$ 中的 p_1,p_2,$\cdots p_m$ 的值,那么当 n 是素数时,n 就是 p_1,即些算法可以有效地判定素数,从而可以在多项式时间内解决前面提出的诸多问题,例如费马数 F_n 是否素数(n 是任意给定的自然数),以及无理数(例如 π)的前缀是否素数等问题。这里说的"多项式时间"是指对一个问题,存在一个多项式 $P(n)$,n 是要判定的整数的输入长,即它的位数的一个倍数。

在实用上,例如在保密通讯与密码破译当中,需要对大合数进行素因子分解,一般这种大合数有百位之大,所以目前各军事大国都集大量人力物力,研究这种合数素分解问题,但至今并未听说有明显进展。

素数判定和合数素分解,可能类似与求拉姆赛数那样,一个数一个搞法,不能形成普遍的有效算法,这就太不好办了。

如果真搞出素分解算法,则对任给定的大偶数,可以在多项式时间内表成两个素数之和或发现哥德巴赫猜想的反例。事实上,对于任意的 $2k$,表成 $1+(2k-1),2+(2k-2),3+(2k-3),\cdots\cdots$,对这些和中的每对数加以判定,若都是素数,则可把 $2k$ 表成两素数之和,否则就反驳了哥德巴赫。

我们期望的这种素分解的有效算法能解决这么多非常之难的问题,可见设计出它的难度是诸多数论难题难度之集大成,即使这种算法存在,也是十分之难以设计出来,我们甚至还应想到它根本就不存在,以避免望梅止渴,水中索月。

二、素数的生产

随便拿出一个自然数,问我们是不是素数,一般是无言以对的,但却有一个公式,以自然数对为双亲,从理论上说,能生育出所有的素数:

$$f(m,n)=\frac{n-1}{2}(\mid[m(n+1)-(n!+1)]^2-1\mid-$$

$\{[m(n+1)-(n!+1)]^2-1\})+2$ 是素数,其 m,n 是自然数,且 $f(m,n)$ 的值域是全体素数。

这个公式的证明很容易。事实上,若 $[m(n+1)-(n!+1)]^2\geqslant1$,则 $f(m,n)=2$,得到素数。若 $[m(n+1)-(n!+1)]^2=0$,则 $f(m,n)=n+1$,又 $m(n+1)-(n!+1)=0,m(n+1)=n!+1$。即 $n+1$ 可整除 $n!+1$,由威尔逊定理,$n+1$ 是素数,即 $f(m,n)$ 也算也素数,至此知 $f(m,n)$ 只能是素数。

下面证明 $f(m,n)$ 的值域是全体素数集合。

任取定一素数 p，由威尔逊定理，$(p-1)!+1$ 被 p 整除，取

$$n=p-1,m=\frac{1}{p}[(p-1)!+1]$$

则

$$mp=(p-1)!+1,n+1=p$$

$$m(n+1)=mp=(p-1)!+1=n!+1$$

于是 $m(n+1)-(n!+1)=0$，$f(m,n)=n+1=p$，由 p 的任意性知 $f(m,n)$ 的值域是全体素数的集合。

还可以证明，每个奇素数，$f(m,n)$ 恰取到一次。

事实上

$$f(m,n)\begin{cases}=\{2,[m(n+1)-(n!+1)]^2\}\geqslant 1\\n+1,m(n+1)=n!+1\end{cases}$$

$f(m,n)$ 取到的奇素数中形如 $p=n+1$，在使 $f(m,n)=n+1$ 的数组 (m,n) 中，只有 $n=p-1$，这时 $m(n+1)=n!+1$，$m=\frac{n!+1}{n+1}$，于是 $(m,n)=(\frac{n!+1}{n+1},n)=(\frac{(p-1)!+1}{p},p-1)$ 是唯一的使 $f(m,n)=p=n+1$ 的一对自然数 m,n。

公式 $f(m,n)$ 给出了产生全体素数的一个算法，只可惜它其实是一个坏算法，为什么算出奇素数 p，要计算 $(p-1)!$，p 很大时，$(p-1)!$ 实际上是算不出来的，空间和时间都不够用；而且这个公式还有一个讨厌的地方，就是大多数情形，算出的都是 2 这个最小素数。

看起来，如何产生素数，如何鉴别素数，仍然是困扰数学家的严酷课题。

第十节　你知道有多少孪生质数吗？

由于想知道有多少孪生质数，我们得先知道 2 什么是质数，什么是孪

生质数,质数是怎样分布的,孪生质数又是怎样分布的。这样,才有可能知道孪生质数的数目。千里之行,始于足下,我们还得先从数说起。

一、有多少个质数

远在中古时代,就产生了自然数的概念(当然,那时还不知叫自然数)。印度人对数学最宝贵的贡献之一,就是采用了符号"1,2,3,4,5,6,7,8,9,0"来记数,彻底地完成了古巴比伦关于"有数位的记数法"。这样一来,自然数列 1,2,3,4,5,6,7,8,9,…的概念很快就形成了。法国数学家拉普拉斯(1749~1827)曾对此评论说:"用很少几个符号,表示所有的数目,使符号不仅具有形状上的意义,还具有数位的意义。这一思想是如此自然,如此使人容易了解,简直无法估计它的奇妙的程度。拿阿基米德和阿波罗尼两人来说吧,他们是和欧几里德同时代的希腊数学界最伟大而最有天才的人,但他们两位也没有想出这样记法,可见取得这一成就是多么不容易啊!"

正是由于得到了"数"的合理记法,对于数的研究才呈现了一个新的局面。近两千年,尤其是近百年来,人们时刻都在研究数的变化规律,并且已经取得了辉煌的成就,创立了一个完整的数学分支——"数论"。众所周知,自然数列有着许多简单而又十分重要的性质,如数是无穷多个,且无最大的数;其次自然数集合可以按约数的情况分成三大类。

第一类:1(约数只有 1 个,即 1 本身)。

第二类:素数(约数只有 2 个)。即凡是约数只有 1 和它本身,而无其它约数的自然数都称为素数,一般习惯叫做质数。

第三类。合数(约数多于 2 个)。即凡是约数多于 2 个的自然数都称为合数。

1 是个非常特殊的自然数。"再没有什么东西看起来比这个数量单位更简单了"。可是,"再没有什么比 1 更多样化了"。它继续自相加下去

探索数学的奥秘 TANSUO SHUXUE DE AOMI

就可以得出其它任何整数,1 的正幂、负幂和分数幂都等于 1 本身,1 是一切分子分母相等(零除外)的一切分数的值,0 以外的任何数的零次幂都等于 1,对数为 0 的数都等于 1。观察 1 的这些有趣的特性,就不难理解恩格斯关于"1 和多是不能分离的,相互渗透的两个概念,而且多包含于 1 中,正如 1 包含于多中一样"的论述。

欧几里得证明了质数的个数是无穷多个,且无最大者。即

定理:质数的个数是无限的,并且不存在什么最大的质数。

[证明]:我们用反证法来证明。

假设存在着一个最大的质数,用 P 来表示,我们考虑所有质数的积与 l 的和,即

$2 \cdot 3 \cdot 5 \cdot 7 \cdot 11 \cdots\cdots P + 1$,这个数当然比 P 要大得多。

现在将这个数用任意一个质数来除(注意我们已经假设 P 是最大的质数)。$2 \cdot 3 \cdot 5 \cdot 7 \cdot 11 \cdots\cdots P + 1$ 这个数是由两部分所组成,第一部分是所有质数的积,当然可以被任意一个小于 P 的质数整除。第二部分是 1,显然除了 l 以外什么数也不能整除,当然任意的一个质数也不能整除。总之这个数不能被任意质数整除。这就说明 $2 \cdot 3 \cdot 5 \cdot 7, 11 \cdots\cdots P + 1$ 这个数,或者本身就是质数,或者能被大于户的质数整除。总之,与假设户为最大质数相矛盾。所以质数是无穷多个的,且无最大的质数。定理得证。

我们还可以看到,除了 2 以外的所有质数,可以表示如下两种形状(反之不然,可以验证):

$5, 13, 17, \cdots$ 可以表示为 $4n + l$ 的形状。

$3, 7, 11, \cdots$ 可以表示为 $4n - 1$ 的形状。

只有一个质数 2 是偶数,其余的质数一律为奇数。因为奇数被 4 除时,余数只可能是 1 或者 3。所以任何质数都属于这两种形状中的一种,但是,并不是任何 $4 \cdot n \pm 1$ 这种形状的数都是质数。

当将质数分为上述两类后,这两类质数的个数各是什么情况呢?即两

类都是无穷多呢,还是一个有限,另一个无穷呢?两类不会都是有限的,这是显然的。

答案是两类都是无穷多个,对于 $4n+1$ 这种形状的质数个数,证法繁难,这里只就形状 $4n-1$ 的质数是无穷多的情况加以证明。

引理:若干个 $4n+1$ 形状的数的乘积仍是 $4n+1$ 形状的数,

设有两个此类形状的数 $4m+1$ 和 $4n+1$。两者互乘得:

$$(4m+1)(4n+1) = 16mn+4m+4n+1$$
$$= 4(4mn+n+n)+1 = 4K+1$$

其中 $K = 4mn+m+n$ 是表示整数的,由此可见,两个 $4n+1$ 形状的因子乘积仍然还是 $4n+1$ 的形状。取三个、四个 … 这样形状的因子相乘,我们可以用数学归纳法证明,引理的结论是正确的。

现在转而证明 $4n-1$ 形状的质数的个数是无穷多的。

假设 $4n-1$ 形状的质数,只有有限个,不妨设是 m 个。用 $P_1,P_2,\cdots P_m$ 来表示它们。则考虑数

$A = 4 \cdot P_1 \cdot P_2 \cdot P_3 \cdots P_m - 1$ 这个数至少有一个 $4n-1$ 形状的因子,因为它本身就是 $4n-1$ 的形状。根据引理,$4n+1$ 形状因子的乘积仍然有 $4n+1$ 的形状。所以,在数 A 的质因子中间,应该有某一个质数 $P = 4n-1$。而 P 又不可能是 $P_1,P_2,P_3\cdots P_m$ 中的任何一个质因子,A 不能被其中任何一个整除;这个 P 是 $4n-1$ 形状的质数。因而,数 $P_1,P_1\cdots P_m$ 就不能包括 $4n-1$ 形状的所有质数,而这与假设相矛盾。因此,$4n-1$ 形状的质数是无穷多的。

$4n-1$ 形状的数组成一个等差数列,也就是说上述定理可以表示为 2 在等差数列

$$3,7,11,15,19,\cdots$$

中包含着无穷多个质数。

我们不难理解,在首项是 1,公差也是 1 的等差数列中(即自然数列)

也包含着无穷多个质数,在形状为 4n＋1 的数列中也包含着无穷多个质数。

在 18 世纪末到 19 世纪初,德国著名数学家狄里克莱(1805～1859),在许多数学家热衷研究各式各样的等差数列中包含质数个数的问题上,得到了一个著名的定理,并且完全解决了这样一个课题。他证明了"任何一个算术级数,只要首项和公差是互质的,就必定包含了无限多个质数"。这个定理不是在初等数学范围内所能解决的,所以这里不再证明。

二、质数的奇妙分布

质数在自然数列中分布的很奇妙,许多人一直想找出这个分布规律来。从公元前 3 世纪开始到现在,仍然没有彻底解决。

公元前 3 世纪古希腊数学家兼哲学家埃拉托色尼,为了研究这个问题,提出了一种名叫"过筛"的方法,造出了世界上第一张质数表(就是按照质数的大小排列成表)。他把一张大纸平整地蒙在一个框子上,然后把自然数列按其大小,一个一个地写上去,再将合数挖掉。这样一来,好像合数都被一个筛子筛掉了,筛子里剩下的都是质数。如下图,这个筛子好就好在让人们一目了然地看到 100 以内质数分布的规律。

尽管人们至今还没有完全掌握这一规律,但是,很早就从这个"筛子"中看到许多有趣的规律。如表的开头部分,一质数分布得比后面的要稠密得多,越与 1 距离得远,质数分布的就越稀少,在从 1 到 10 之间就有 4 个质数 2,3,5,7,而在 90 到 100 之间只有 1 个质数 97。如果要在一张大的质数表中还可以看到,在 997 到 1009 这两个质数之间,全部 11 个数都是合数,如果再往后看,质数分布就更稀少了。甚至可以证明:有这样一个数字间隔存在,这个间隔中的 100 个连续的数,完全是合数。

下面来证明这一事实。首先考虑从 1 到 101 间所有的整数的乘积,

即 $1 \cdot 2 \cdot 3 \cdot 4 \cdot 5 \cdots 99 \cdot 100 \cdot 101$。这是一个很大的数(它大约等于 $95 \cdot 10^{158}$,也就是比普通的"天文数"要大得多)。为了书写 方便,用字母 A 表示这个大数。

$A+2, A+3, A+4, \cdots, A+99, A+100, A+101$。这是一个由 100 个 连续整数组一成的数列。我们可以断言,这一百个数全是合数。为什么呢? 我们不妨在这里面任意考虑一个,例如考虑 $A+37$ 这个数,它能被 37 整 除,因为 A 中含有 37 这个因数,所以 A 能被 37 整除,$A+37$ 中的 37 显然 能被 37 整除,所以 $A+37$ 这个数就能被 37 整除,于是就证明了它是合数。

为了进一步考虑质数的分布,可以提出这样的问题加以讨论,即在给 定的范围内质数所能占的百分比有多大? 这个比值是随着数的增长而加 大呢? 还是减小? 或者近似为常数呢?

采用试验的方法(这种方法在研究数论上是常用的,不妨称之为探索 性思考法),即通过查找各种不同数值范围内质数数目的方法,来解决这个问题。这样可以看到 100 之内有 26 个质数,在 1000 之内有 168 个质数,在 1000000 之内有 78498 个质数,在 1000000000 之内有 50847478 个质数。把质数的个数除以相应范围内的整数个数得出下面这个表

数值范围	质数个数	比　　率	$\dfrac{1}{\ln N}$	偏　　差
1—100	26	0.260	0.217	20
1—1000	168	0.168	0.145	16
1—10^8	78498	0.078498	0.072382	8
1—10^9	50847478	0.050847478	0.048254942	5

从这张表上首先可以看到,随着数值范围的扩大,质数的个数相对减少了。但是,并不存在质数的终止点。

有没有一个简单的方法,可以用数学形式表示这种质数比值随数值范围的扩大而减少的规律呢?有的。并且这个有关质数平均分布的规律已经成为数学上最值得称道的重要发现之一,这条规律又非常简单。就是从 1 到任何自然 N 之间所含有质数的百分比,近似由 N 的自然对数的倒数所表示,N 越大,这个规律就越精确。

所谓自然对数就是以数 e≈2.718… 为底的对数。如果对这种对数不习惯的话,可以通过换底公式变为常用对数:如

$$\lg x = 0.43429 \ln x$$

从上表第四栏中,可以看到 N 的自然对数的倒数,把这栏的数和前一栏即第三栏比率中对比一下,就会看到,两者是很相近的,并且 N 越大,它们也就越相近。

有许多数论上的定理,开始时都是凭经验作为假设提出的,而在很长一段时间内得不到严格证明。上面这个质数分布定理也是如此。直到 19 世纪末,法国数学家阿达母和比利时数学家布散才终于给出了完整的证明。

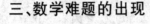

三、数学难题的出现

孪生质数到底有多少对,在质数表中,容易发现另一个规律,即许多相邻二奇数都是质数。例如,3 和 5,5 和 7,11 和 13,17 和 19,29 和 31,41 和 43,59 和 61,71 和 73,等等。一般地说:如果 P 和 P+2(P≥2)都是质数的话,则把 P 和 P+2 叫做孪生质数,或称质数偶。如上述 8 对孪生质数,是在数值范围为 100 以内的。501 到 600 这段数值范围内,只有 521 和 523;569 和 5 两对。当然,只要在质数表上再往后看,还可以找到更大的孪生质数,如 5971847 和 5971849。不过,可以看到这种孪生质数的分布也是极不均匀的。一般说来,它们的分布也是越来越稀少,与质数相比较,还要稀疏得多。

这一发现,很早就引起古代数学家们的兴趣,并对它提出了一系列十分不易解决的难题,如孪生质数的分布规律是什么? 共有多少对孪生质数? 或者说有无最大的一对孪生质数等等。

质数的个数问题早已解决了,似乎孪生质数的个数问题是不成问题的。然而,出乎所料,就是这个孪生质数的个数问题,或者说孪生质数的个数是否也有无穷多的问题,数千年来都没有解决,甚至连解决这个问题的途径都还没有找到。至今仍然如此,成为当今数论中又一个大难题。现今所知道的最大的孪生质数是 $76 \times 3^{169} - 1$ 和 $76 \times 3^{160} + 1$,这个结果是威廉斯和察恩克得到的。

当然我们也可以提出如 5,7,11,这样三个连续的质数组的问题(不妨叫做三生质数)是否也有无穷多组,分布规律又如何? 这样的问题更难于解决了,不过由于高速电子计算机的飞速发展,计算能力的迅猛提高,相信这些难题将会随着时间的推移和数学方法的改进,一个一个地被解决的。

四、在寻找质数公式的崎岖道路上

普耶尔·费马(1601~1665)是个法律学家,也是他的故乡——法国土鲁兹城的著名社会活动家。尽管他是在业余时间里研究数学,可是他的法学才能远远不如他的数学才能驰名。他在世时没出版过什么著作。他死后,他的儿子才将他的数学遗稿整理出版。

费马几乎与他同时代的所有著名数学家都有联系和交往。他和笛卡儿共同奠定了"解析几何学"的基础,和巴斯嘉奠定了"概率论"的基础。他最出色的成就,还是在"数论"方面的研究成果。他常常故意把一些难题寄给熟人去做,即使是非常著名的数学家也往往不能完成他交给的任务。

历代著名的数学家们为了寻找一个公式来表示所有的质数,不知花费了多少精力,走过了多少艰难曲折的道路。费马在这方面也不例外。他曾给出一个表达式:

$$F_n = 2^{2^n} + 1。$$

并且断言当 $n = 0,1,2,3,\cdots$ 时,F_n 表示一切质数。

$F_0 = 2^1 + 1 = 3$;

$F_2 = 2^4 + 1 = 17, F_3 = 2^8 + 1 = 257$;

$F_4 = 2^{16} + 1 = 65537$;$\cdots$ 当 $n = 0,1,2,3,4$ 时,F_n 确实都是质数。费马也算出了 $F_5 = 4294967297$。但是,由于这个数很大,分解较难,他没加以分解,便认为 95 也是质数。于是他就断言:"当 n 是任何正整数时,F_n 总表示质数。"通常人们称 F_n 为费马数。正是由于这位人数学家一时的疏忽,而得到一个错误的结论。后来 1732 年也是在这个崎岖道路上行走的数学家欧拉指出了费马的错误。欧拉得到:

$$F_5 = 2^{32} + 1 = 4294967297 = 641 \times 6700417$$

而 641 是质数,从而费马的断言被否定了。

在数学的许多方面建树功勋的欧拉,在寻求质数公式时,也曾设想用一个二次三项式:

$$\varphi(n) = n^2 + n + 41$$

来表示质数,然而也失败了。不难验证,当 n 等于从 1 到 39 所有整数时,这个三项式的值都是质数,可是当 $n = 40$ 时:

$$\varphi(40) = 40^2 + 40 + 41 = 1681 = 41^2$$

就是合数了。和费尔马一样,也没能给出一个以正整数为自变量,而函数值都是质数的解析表达式。

通过这两位著名数学家的教训,可以看到不完全归纳法常常是不可靠的。绝不能根据对一些特殊情形的判断,马上就过渡到一般情形的结论,并作为规律或普遍法则。这样做是太冒险了。必须经过周密的研究,大量的判断,并且给予严格的数学论证,然后,或者成为规律、法则,或者因为错误而被否定。所以,欧拉说的对:"简单归纳法会得出错误的结论。"

还有一个说服力更强的例子,试看形如:

$$\varphi(n) = 991 \cdot n^2 + 1 (n = 1, 2, 3, \cdots)$$

所表示的数,分别将 1,2,3,4,… 等自然数代入上式,所得的数值都不是完全平方数,甚至你花上毕生的精力去一个一个地计算,也不会发现例外。但是,数学上却决不允许因此而得出 $\varphi(n)$ 对一切自然数 n 都不是完全平方数。事实上当 $n = 12,055,735,790,331,359,447,442,538,767$ 的时候,$\varphi(n) = 991 \cdot n^2 + 1$ 却是一个完全平方数。谁能想到当 n 取一个 29 位的大数而使 $\varphi(n)$ 不为完全平方数这一结论遭到破坏呢,谁能有那么大的耐性一个数一个数的从 1,2,…,一直让 n 取到 29 位的大数去验算 $\varphi(n)$ 是不是完全平方数呢?

质数问题纠缠了人们 2000 多年。不少数学家在这漫长而曲折的道路上,刻苦研究质数公式的问题。费尔马、欧拉两位大数学家虽然在寻求质数公式的崎岖道路上有过失败,但他们在"数论"的研究方面取得了不少研究成果,使"数论"的内容不断丰富,成为一个强有力的数学分支。所谓费尔马小定理的确立,就是一个例证。

为了读者能顺利地了解这个定理,先来研究奇数的平方与 1 之差,即表达式 $m^2 - 1$,(其中 m 为奇数)

$$m^2 - 1 = (m+1)(m-1)$$

既然 m 为奇数,则上式的右端一定是两个相邻的偶数之积,而且两者之差为 $(m+1) - (m-1) = 2$,所以,这两个相邻偶数必定有一个能被 4 整除,而且另一个又是 2 的倍数。因为,如果两个偶数中,有一个不能被 4 整除,则它被 4 除时,余数一定是 2,即可写成 $4n+2$ 的形式(其中 n 为自然数)那么,与它相邻的另一个偶数必为 $4n+4$ 或者是 $4n$。两者都是 2 的倍数。从而可知,无论 m 为什么样的奇数,$m^2 - 1$ 总能被 2 整除。

再看任何数的立方与此数之差可以被 3 整除,即表达式 $m^3 - m$,可以表示为:

$$m^3 - m = m(m+1)(m-1)$$
$$= (m+1)m(m-1)$$

这个式子说明任何自然数的立方与此数的差等于 3 个连续自然数的积。这三个连续自然数中,至少有一个是偶数(即能被 2 整除),也必定有另一个数能被 3 整除。因为,三个连续自然数不妨设为 $K, K+1, K+2$。则第一个数的形状不是 $K = 3n$,就是 $K = 3n+1$,或者是 $K = 3n+2$(其中 n 为自然数)。一个数以 3 除,其余数只有 $0, 1, 2$ 三种情形。如果是第一种情形,即 $K = 3n$,则结论成立。如果是第二种情形,即 $K = 3n+1$,则第三个自然数 $K+2 = 3n+3$,就能被 3 整除。如果是最后一种情形即 $K = 3n+2$,则第二个自然数 $K+1 = 3n+3$ 就能被 3 整除。所以,不论在什么情况下,3 个连续自然数的积一定能被 3 整除。

类似地可以证明 $m^5 - m$ 也能被 5 整除(由于证明较繁,这里从略),而 $m^4 - m$ 则不能被 4 整除。如取 $m = 2$,$m^4 - m = 16 - 2 = 14$,就不能被

4整除。综上所述,可以提出如下两个问题:第一,当 a 是怎样的一些数时,不论 m 是怎样的数, $m^a - m$ 总能被指数 a 整除;而当 a 是另外的一些数时,就不一定能整除。

第二,三个连续自然数的积,不仅能被3整除,而且能被6即 $1 \cdot 2 \cdot 3$ 的积整除,五个连续自然数的积,不仅能被5整除,而且能被1、2、3、4和5的连乘积120整除,能不能推广到一般情形,即 m 个连续自然数的积

$$K \cdot (K+1)(k+2) \cdots (K+m-1)$$

能被自然数列头 m 个连续数的积

$$1 \cdot 2 \cdot 3 \cdot 4 \cdots (m-1)m$$

整除而无余数。

先讨论第二个问题。学过排列组合和牛顿二项式定理的读者会发现

$$\frac{K(K+1)(K+2) \cdots (K+M-1)}{1 \cdot 2 \cdot 3 \cdot 4 \cdots (m-1)m}$$

这个商数就是等于从 $K+m-1$ 个元素中,每次取们个的组合数。或者说是 $(a+b)^{k+m-1}$ 这个二项式展开式中的 $m+1$ 项的系数。所以,这个商数当然是整数,即 $K(K+1) \cdots (K+m-1)$ 能被 $1 \cdot 2 \cdot 3 \cdots (m-1)m$ 整除而无余数。

在讨论第一个问题之前,先介绍法国一名女数学家苏非·日尔明所得到的一个定理:

形如 $n^4 + 4$ (其中 $n > 1$)的任何数是一个复合数。

证明这个定理是轻而易举的。

$$n^4 + 4 = n^4 + 4n^2 + 4 - 4n^2 = (n^2+2)^2 - (2n)^2$$

$$= (n^2 + 2 - 2n)(n^2 + 2 + 2n)$$

$$= [(n-1)^2 + 1][(n+1)^2 + 1]。$$

当 n 为整数时,上式右端两个因式都是整数,并且当 $n > 1$ 时,其中任何一个式子都不等于1,只有当 $n = 1$ 时, $n^4 + 4 = 5$ 才是质数。所以,对任

何 $n > 1$ 的自然数 $n^4 + 4$ 都是复合数。

在寻找质数公式的过程中，人们就是这样按照数的表达形式和它的结构，来判定这个数是质数还是复合数。

1640 年费马回答了一个问题。他证明了被后人称之为费尔马小定理的定理。这个定理成了"数论"的基本定理之一。

费马就是在不论 m 为什么样的整数，二项式 $m^2 - m$ 能被 2 整除；而 $m^3 - m$ 能被 3 整除；$m^5 - m$ 能被 5 整除等等讨论的基础上，得到了下面这个定理：

"不管 m 是什么整数，只要 p 是（任意的）质数，$m^p - m$ 就能被 p 整除。"

不过费马不是这叙述的。容易看到

$$m^p - m = m(m^{p-1} - 1)。$$

当 m 是 p 的倍数时，则这个定理就很显然成立了。如果 m 不能被 p 整除，在 m 与 p 互质时，差数 $m^{p-1} - 1$ 应该被 p 整除。而费尔马本人就是这样来叙述这个定理的：

"如果 p 是质数，而 m 不能被 p 整除，那么 $m^{p-1} - 1$ 能被 p 整除。"

在没证明这个定理之前，用具体的数验证一下：

设 $m = 2$，当 $p = 3$ 时，则 $2^{3-1} - 1 = 3$，这说明 $2^{3-1} - 1$ 能被 3 整除。

当 $p = 5$ 时，则 $2^{5-1} = 15$。这说明 $2^{5-1} - 1$ 能被 5 整除。

当 $p = 7$ 时，则 $2^{7-1} - 1 = 63$。这说明 2^{7-1} 能被 7 整除。

再取 $p = 11, 13, \cdots$，只要是质数，定理都成立。但是取 $p = 9, 2^{9-1} - 1 = 255$ 它就不是 9 的倍数。所以定理中 p 为质数是一个重要条件。下面给出这个定理的证明：

证法 1：若 m 能被 p 整除，定理显然成立。假设 m 不能被 p 整除，则整数 $m, 2m, 3m, \cdots (p-1)m$，都不能被 p 整除，并且被 p 除时余数亦皆不相同（若 Km 与 lm 当 $p-1 \geqslant K > l$ 时 m 被 p 除得相同的余数，则其差

$$Km - lm = (K - l)m$$

即可被 p 整除,但此为不可能,因 p 为质数,m 不为 p 有倍数,且 $K - l$ 小于 p)。但因被 p 除其余数最多可为 $1, 2, 3, \cdots p-1$ 之 $p-1$ 个数,故

$$m = q^1 p + a_1$$

$$2m = q^2 p + a_2$$

$$3m = q^3 p + a_3$$

$$\cdots\cdots$$

$$(p-1)m = q^{p-1} p + a_{p-1}$$

其 $a_1, a_2, a_3, \cdots a_{p-1}$ 为数 $1, 2, \cdots p-1$ 之一重新排列。将上述各等式全部连乘起来得

$$[1 \cdot 2 \cdot 3 \cdots (p-1)m^{p-1}] = (q^1 p + a_1)(q^2 p + a_2) \cdots (q^{p-1} p + a_{p-1})$$

左端各二项式之乘积展开为

$$Qp^{p-1} + Sp^{p-2} + \cdots + p + a_1 \cdot a_2 \cdots a_{p-1} 。$$

其中 Q、S、$\cdots$ 均为 $q_1 q_2 \cdots q_{p-1}$ 的乘积之和。而

$$Qp^{p-1} + Sp^{p-2} + \cdots + p$$

每项都是 P 的倍数,所以整个式子也是 P 的倍数,不妨设为

$$Qp^{p-1} + Sp^{p-2} + \cdots + p + Np 。$$

则原式可表示为

$$[1 \cdot 2 \cdot 3 \cdots (p-1)m^{p-1}m^{p-1}] = Np + a_1 \cdot a_2 \cdots a_{p-1} 。$$

又 $a_1 \cdot a_2 \cdots a_{p-1} = 1 \cdot 2 \cdot 3 \cdots (p-1)$,所以

$$1 \cdot 2 \cdot 3 \cdots (p-1)(m^{p-1} - 1) = Np 。$$

故 $m^{p-1} - 1$ 可被 P 整除。亦即 $m^p - 1$ 可被 P 整除。

证法 2:用数学归纳法也容易同这个定理的证明。

当 $m = 1$ 时,$m^p - 1 = 1 - 1 = 0$ 问题成立。

设 $m = 1$ 时,$m^{p-1} - 1$ 能被 p 整除。下面来证明 $(m+1)p - (m+1)$ 能被 p 整除。由二项式定理可知

$$(m+1)^p - (m+1) = m^p + Pm^{p-1} + C_p^2 m^{p-2} + C_p^3 m^{p-3} + \cdots + pm +$$
$$1 - m - 1 = (m^p - m) + pm^{p-1} + C_p^2 m^{p-2} + \cdots + C_p^{p-2} m^2 + pm。$$

但所有的二项式系数

$$C_p^k = \frac{p(p-1)(p-2)\cdots(p-k+1)}{1 \cdot 2 \cdot 3 \cdots k}$$

都可以被质数 P 整除,而 C_p^k 又是一整,且其他子部分都含有因数 p,而分母部分却不含有因数 p,又因为 $m^p - m$ 能被 p 整除,所以 $(m+1)^p - (m+1)$ 也能被 p 整除。

费尔马在证明这个定理之后,高兴异常地说:"我犹如浸浴在阳光中。"他所以高兴是因为这个定理在"数论"的研究中,确实有着重大的意义。难怪人们把这个定理称之为费尔马小定理。

在前两节和这一节中,讲述了有关"数论"中的一些历史著名难题。那么,"数论"倒底是一种什么样的科学呢?它的研究方法和研究的对象又是什么呢?有必要在此作简单的介绍。

"数论"就是研究数的科学,而且所说的数都是整数。在广泛的意义上说来,它是研究利用整数按一定形式构成的数系的科学。

"数论"的基本问题之一,是研究一个数能否被另一个数整除的问题,这就是所谓可除性理论。"数论"中的许多新概念、新理论、新方法,不仅在数论中有意义,而且在别的数学分支以及其他科学领域中也有着重要的应用。如"自然数列是无穷的"这一概念闯进数学的全部发展有着巨大的影响,它反映出物质世界在空间和时间上是无限的客观规律。

"数论"从研究方法上考虑可分为 4 个部分:即初等数论、解析数论、代数数论和几何数论。

初等数论是不求助于其他数学分地而研究整数的性质。例如已知欧拉恒等式

$$(a_1^2 + a_2^2 + a_3^2 + a_4^2)(b_1^2 + b_2^2 + b_3^2 + b_4^2) = (a_1 b_1 + a_2 b_2 + a_3 b_3 + a_4 b_4)^2$$

$+ (a_1 b_2 - a_2 b_1 + a_3 b_4 - a_4 b_3)^2 + (a_1 b_3 - a_3 b_1 + a_4 b_2 - a_2 b_4)^2 + (a_1 b_4 - a_4 b_1 + a_2 b_3 - a_3 b_2)^2$

可以顺利地证明,对每一个整数 $Q > 0$ 都可分解为 4 个整数平方的和,即

$$Q = x^2 + y^2 + z^2 + u^2$$

其中 x, y, z, u 均为整数。当然这个问题要理解为找不定方程的整数解。

所谓解析数论是用微积分的工具来解决"数论"问题。

代数数论是研究代数数的概念。所谓代数数就是方程

$$a_0 x^n + a_1 x^{n-1} + a_2 x^{n-2} + \cdots + a_{n-1} x + a_n = 0$$

的根。其中 $a_0, a_1, \cdots a_n$ 是整数。

几何数论研究的基本对象是"空间格网",也就是研究坐标系中坐标都是整数的点组的数目,对称性和相关的一些性质。这个问题对几何学和结晶学有着重大的意义。

第三章 几何奥妙的探索

第一节 几何的起源

一、形的起源

早在远古洪荒时代,我们的祖先在与大自然作斗争以保存与发展自身的同时,也直接通过无数次的观察,体验自然界的种种事物以获取知识。相对于数的概念的起源来说,古人对形的认识要更直接、具体些。因为自然界始终把它的种种模样展现在他们面前,让古人直接从中提取形式。因而可以说数属于创造,形属于摹写。

自然界只是为人类提供了摹写的对象,人类要获得形的概念必须通过生产实践。只有当人类意识到形式可以脱离具体对象,并且明确地把形式本身分离出来的时候,才能称得上有了图形的概念。

我们远古时代的祖先为了生存而狩猎,当他们多次被植物的刺扎伤皮肤之后,逐渐意识到带刺类的物体可以刺入皮肉,于是通过摹写制造了最早的矛——带尖的木棍出现了。他们在制造了一边厚一边薄的石斧、弯的弓、直的箭的过程中,不仅仅被动地领会了自然界的启示,而且逐步从自然界中分离出形的概念。

古人类处在严酷的自然环境中,雷鸣电闪、地震、洪水、火山猛兽的伤害等等严重地威胁着他们的生存。他们不能不对直接影响他们生存的动物、植物产生崇拜、恐惧的想法。这样就产生了最早的图腾崇拜与宗教仪式。从产生于 35000 年到 40000 年前的旧石器时代的洞穴艺术中,我们看到反映古人社会关系、生殖礼仪、成年札、狩猎前的仪式的壁画,这些图画是如此粗犷和宏伟,每个看过的人都会产生心灵的震动。

因此,图形是人类对外界事物的反映和思想表达的一种形式,它产生于古人的生产方式以及与之相应的宗教意识中,它最初与最强的表现对象只能是最能引起人类注意并强烈想要表现的事物。现代考古学种种发现都证明了上述论断。

二、几何图形

图形最早出现在氏族的图腾崇拜和原始的宗教仪式中,它的表现形式是偶像及仿拟动物行为的舞蹈以及图画。幻术与图腾出现了,服务于这一行业的巫师也出现了。从旧石器时代的葬礼和壁画来看,图形的样式由原来的直接写真转变为简化了的偶像和符号。例如,我国河南安阳出土的旧石器时代时期的车轴、陶器等古代文物,装饰上有复杂的图形,是由五边形、七边形、八边形与九边形组成的精美图案。陶器上鱼的形象也是由简单线条象征性表达的。

虽然所有那些富于宗教性的图形,更多的是具有习俗和幻术的价值,并在后来发展成神灵观念的体现,但就图形本身来说,它却反映了由直接摹写到抽象表现的转变。它比写真图具有更大的可变性与欣赏价值,表现了生命对理性规范的渴望,进而影响到美的判断与标准。比如,对于平衡、对称、和谐、均匀的偏爱,为图形的几何化创造了条件。

图形几何化的主要动力是人类的生产实践。在旧石器时代晚期,生产力进一步发展,编织、轮的使用,砖房的建设,进一步促进几何图形的出现与认识。编织既是技术又是艺术,因此,除了一般的技术性规律需要掌握外,还有艺术上的美感需要探索,而这两者都必须先经实践再经思考才能实现,这就给几何学与算术打下了基础。因为织出的花样,其种种形式与所含经纬线的数目,本质上属于几何性质,因而必须引起对于形和数之间一些关系的深刻认识。

图形几何化的动力不仅限于编织、轮子的使用和砖房的建造都直接加深和扩大了对几何图形的认识。轮子的发明具有巨大的物质效果和科学意义。但其中最显著的作用大约要算对圆的认识和自觉应用了。长期以来,人们对轮和圆保持着认识上的一致性,轮的巨大效用使人们产生对圆的偏爱和关注,加深对圆的认识和研究,明显的例子是圆周等分和轨迹的思想。直至今日,圆仍然是中学生学习的主要几何图形之一。

建筑操作特别是砖房的建造对几何学基础的影响要早于土地丈量。砖的使用也出现于新石器时代,其独特的形状给人以强烈的印象。砖必然是长方体状的,不然就难于相互配合而砌成墙,而配合使用必然会提出直角与直线的观念。直线出现于制绳时织工拉紧的线,在建房中再次出现直线的形象,让人看到它的作用。

房屋建筑促进了直线、平面和立体的度量,因为它展示了平面面积与立体体积随着边的长度而变化的的关系,为用边的长度来计算面积和体积奠定思想基础。建筑操作的发展又产生了比例设计法,这对几何学的发展起一个促进作用。

陶器的制作,尤其是陶器花纹的绘制有利于对空间关系的认识。空间关系,实质就是相互位置和大小的关系。前者由物体的彼此接触或毗连,由"……之间"、"在里面"等词语来表示;后者则用"大于"、"小于"等词语来表示。例如,公元前4000~前3500年,埃及陶器上和波斯尼亚新石器时代陶器上的彩纹,都明显地表现出行线、折线、三角形、长方形、菱形和圆,而且三角形又可细分为任意三角形、等腰三角和等边三角形。

自然界几乎没有真正的几何图形,然而人类通过编织、制轮、建屋等实践造出的形状多少有点正规,这些不断出现而且世代相传的制品提供了相互比较的机会,让人们最终找出共同之处,形成抽象意义下的几何图形。

三、实验几何

公元前 4000 年前后,人类由野蛮进入文明,由弱小分散的氏族部落组织结合成庞大而有序的社会——古代埃及。尼罗河定期泛滥,大量的冲积淤泥经常覆盖地界。这种自然、地理现象对埃及古文明产生深远的影响,也促进了古代埃及几何测地术的诞生。尼罗河一年一度的泛滥既肥沃了埃及的土地,也给土地所有者带来麻烦。他们的地界每年都被冲毁,必须用几何手段重新丈量。因此,国土的地理条件和社会条件迫使埃及人发明土地测量技术。几何学也就作为一种以观察的结果为定律的经验科学应运而生了。

在世界上各民族的发展史上,几何学的产生大多出现在测量之中,我国古代称测量人员为"畴人",后来引申为一切数学家和天文学家,正是通过测量长度、确定距离、估计面积和体积,人们发现了一些最简单的一般规律和一些几何关系。

由英国人兰德(Henry,Rhind)于 1858 年在埃及购买的,后收藏于英国博物馆的古埃及的"兰德"草卷(Rhinopapyri)是目前尚存的最古老的数学文献,其中载有 85 个数学问题,26 个是关于几何学的。从中可以看出当时埃及已经会求许多平面图形的面积和立体图形的体积了,知道了等腰三角形的面积等于底边乘高的一半,并且用直观方法验证了这个结论。其中还有关于土地面积和谷仓容积的问题,计算的准确性令人吃惊。

"草卷"的第三部分讲述如何去确定正方形、矩形、三角形、梯形以及能分割成这些形状的土地的面积。也就是说,埃及人把正方形、矩形、三角形和梯形作为基本图形,用于对其他各种图形面积的比较和计算。埃及人关于圆面积的计算也比其他民族的计算结果更精确。他们把圆面积确定为以直径的8/9为边长的正方形的面积。即 $S=(\frac{8}{9}D)^2$,这相当于 $\pi=3.1605$,精度相当之高。

在体积计算方面,埃及人得出上、下底部是正方形的棱台体积公式: $V=\frac{h}{3}(a^2+ab+b^2)$,这完全是个精确公式!除了出色地解答难题外,埃及人还能找到近似的解法。与古埃及同时代的巴比伦也在几何学上有不少发现,这里就不多介绍了。

古代埃及的几何学只是一些经验公式,几乎没有正式的记号,没有有意识的抽象思维,没有得出一般的方法论,没有证明甚至没有直观推理的想法,以证明其所做的运算步骤或所用公式是正确的。总之,在古埃及、巴比伦两个文明古国,数学并没有成为一门独立的学科,几何学是从古希腊人那儿形成的一门学科。

第二节 《几何原本》内容提要与点评

古希腊大数学家欧几里得是与他的巨著——《几何原本》一起名垂千古的。这本书是世界上最著名、最完整而且流传最广的数学著作,也是欧几里得最有价值的一部著作。在《几何原本》里,欧几里得系统地总结了古代劳动人民和学者们在实践和思考中获得的几何知识,欧几里得把人们公认的一些事实列成定义和公理,以形式逻辑的方法,用这些定义和公理来研究各种几何图形的性质,从而建立了一套从公理、定义出发,论证命题得到定理的几何学论证方法,形成了一个严密的逻辑体系——几何学。而这本书,也就成了欧式几何的奠基之作。

2000多年来,《几何原本》一直是学习几何的主要教材。哥白尼、伽利略、笛卡儿、牛顿等许多伟大的学者都曾学习过《几何原本》,从中吸取了丰富的营养,从而作出了许多伟大的成就。

全书共分13卷。书中包含了5条"公理"、5条"公设"、23个定义和467个命题。在每一卷内容当中,欧几里得都采用了与前人完全不同的叙述方式,即先提出公理、公设和定义,然后再由简到繁地证明它们。这使得全书的论述更加紧凑和明快。而在整部书的内容安排上,也同样贯彻了他的这种独具匠心的安排。它由浅到深,从简至繁,先后论述了直边形、圆、比例论、相似形、数、立体几何以及穷竭法等内容。其中有关穷竭法的讨论,成为近代微积分思想的来源。仅仅从这些卷帙的内容安排上,我们就不难发现,这部书已经基本囊括了几何学从公元前7世纪的古埃及一直到公元前4世纪(欧几里得生活时期)前后总共400多年的数学发展历史。这其中,颇有代表性的便是在第1卷到第4卷中,欧几里得对直边形和圆的论述。正是在这几卷中,他总结和发挥了前人的思维成果,巧妙地论证了毕达哥拉斯定理,也称"勾股定理"——即在一直角三角形中,斜边上的正方形的面积等于两条直角边上的两个正方形的面积之和。

他的这一证明,从此确定了勾股定理的正确性并延续了2000多年。《几何原本》是一部在科学史上千古流芳的巨著。它不仅保存了许多古希腊早期的几何学理论,而且通过欧几里得开创性的系统整理和完整阐述,使这些远古的数学思想发扬光大。它开创了古典数论的研究,在一系列公理、定义、公设的基础上,创立了欧几里得几何学体系,成为用公理化方法建立起来的数学演绎体系的最早典范。照欧氏几何学的体系,所有的定理都是从一些确定的、不需证明而确定为真的基本命题即公理演绎出来的。

这一方法后来成了用以建立任何知识体系的严格方式,人们不仅把它应用于数学中,也把它应用于科学,而且也应用于神学甚至哲学和伦理学中,对后世产生了深远的影响。尽管欧几里得的几何学在差不多 2000 年间,被奉为严格思维的近乎无懈可击的范例,但实际上它并非总是正确的。人们发现,一些被欧几里得作为不证自明的公理,却难以自明,越来越遭到怀疑。比如"第五平行公理",欧几里得在《几何原本》一书中断言:"通过已知直线外一已知点,能作且仅能作一条直线与已知直线平行。"这个结果在普通平面当中尚能够得到经验的印证,那么在无处不在的球面之中(地球就是个大曲面)这个平行公理却是不成立的。罗伯切夫斯基和黎曼由此创立了球面几何学,即非欧几里得几何学。

但是,在人类认识的长河中,无论怎样高明的前辈和名家,都不可能把问题全部解决。由于历史条件的限制,欧几里得在《几何原本》中提出几何学的"根据"问题并没有得到彻底的解决,他的理论体系并不是完美无缺的。比如,对直线的定义实际上是用一个未知的定义来解释另一个未知的定义,这样的定义不可能在逻辑推理中起什么作用。又如,欧几里得在逻辑推理中使用了"连续"的概念,但是在《几何原本》中从未提到过这个概念。

第三节　蝴蝶定理

1815 年,西欧《男士日记》杂志上刊出一份难题征解,题目如下:

过圆的弦 AB 的中点 M 引任意两条弦 CD,EF,连接 ED,CF 分别交 AB 于 P,Q 两点,求证 $PM = QM$(见图 3－1)。

由于图形酷似一只蝴蝶,该命题取名为"蝴蝶定理"。一直过了四年无人作答。1819 年 7 月,一位自学成才的中学数学教师霍纳(Homer,

1786～1837)给出第一个证明,但该证明方法繁琐难懂。从 1819 年开始,人们努力寻求简洁易懂的新证明,直到 1973 年,中学教师斯特温(Steven)给出了第一个十分通俗的简捷证法,之后,又不断有新的证法发表。

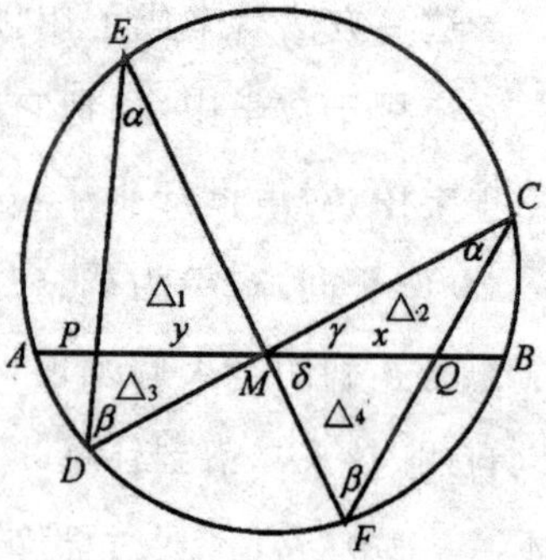

图 3-1

下面介绍斯特温的证明:

令 $MQ = x$,$MP = y$,$AM = BM = a$,$\angle E = \angle C = \alpha$,$\angle D = \angle E = \beta$,$\angle CMQ = \angle DMP = \gamma$,$\angle FMQ = \angle EMP = \delta$。

用 $\triangle_1$,$\triangle_2$,$\triangle_3$,$\triangle_4$ 分别代表 $\triangle EPM$,$\triangle CQM$,$\triangle DPM$,$\triangle FQM$ 的面积,则

$$\frac{\triangle_1}{\triangle_2} \cdot \frac{\triangle_2}{\triangle_3} \cdot \frac{\triangle_3}{\triangle_4} \cdot \frac{\triangle_4}{\triangle_1} = \frac{EP \cdot ME \sin\alpha}{CM \cdot CQ \sin\alpha} \cdot \frac{MC \cdot MQ \sin\gamma}{PM \cdot DM \sin\gamma} \cdot$$

$$\frac{PD \cdot DM \sin\beta}{FM \cdot QF \sin\beta} \cdot \frac{FM \cdot QM \sin\delta}{EM \cdot PM \sin\delta} = \frac{EP \cdot PD \cdot MQ^2}{CQ \cdot FQ \cdot MP^2} = 1$$

由相交弦定理

$$EP \cdot DP = AP \cdot BP = (a-y)(a+y) = a^2 - y^2$$

$$CQ \cdot FQ = BQ \cdot QA = (a-x)(a+x) = a^2 - x^2$$

由于 $EP \cdot PD \cdot MQ^2 = CQ \cdot FQ \cdot MP^2$,得

$$(a^2 - y^2)x^2 = (a^2 - x^2)y^2$$

$$a^2x^2 - x^2y^2 = a^2y^2 - x^2y^2,\ a^2x^2 = a^2y^2$$

由于 a,x,y 皆正数,故得 $x = y$,即 $MQ = MP$,证毕。

斯特温的证明简捷漂亮之处在于:

① 平面几何的综合证法(即"看图说话"的方法,用几何的定理公理来摆事实讲道理),不易下手,改用了代数的方法。

② 欲证 $x = y$，它们含有 4 个三角形，用面积公式 $\triangle = \frac{1}{2}ab\sin C$ 把 x 与 y 引入等式之中。

③ 利用面积公式建立等式时，从一似乎"言无之物"的桓等式 $\frac{\triangle_1}{\triangle_2} \cdot \frac{\triangle_2}{\triangle_3} \cdot \frac{\triangle_3}{\triangle_4} \cdot \frac{\triangle_4}{\triangle_1} = 1$ 入手，抄入面积公式时，同一个分数的分子分母中 $\sin$ 下的角取等角，以便把三角函数约掉，只剩线段比。

④ 用相交弦理把 $EP \cdot PD$ 与 $CQ \cdot FQ$ 化成 x, y 的表达式。

斯特温的证明通俗到初中的孩子们都能在 5 分钟内看懂的程度，对于这样一个困惑数学家很久的难题，该证明真是漂亮无比。

由于椭圆面是正圆柱面斜截面。圆柱的底是此椭圆面的投影，若此椭圆上有一弦 $A'B'$，中点是 M'，过 M' 引椭圆两弦 $C'D'$，$E'F'$，连 $E'D'$，$C'F'$，分别交 $A'B'$ 于 P'，Q' 两点，则此带"，"的图形的投影即图 3-3，而且 $MP = MQ$ 当且仅当 $M'P' = M'Q'$，所以蝴蝶定理对椭圆也成立。

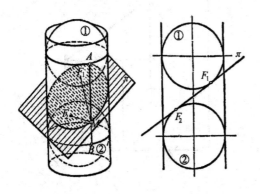

图 3-2

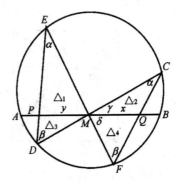

图 3-3

第四节　勾三股四弦五

一、中国的 345 三角形

我国数学名著《周髀算经》中载名句："勾广三,股修四,径隅五。"译成白话文即勾三股四弦五,说的是公元前 1100 年前的大禹时代,商高已知直角三角形的斜边是 5,短直角边(勾)是 3,长直角边(股)是 4。周髀二字的"周"是周朝,即《周髀算经》是周朝的数学著作,

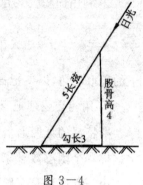

图 3-4

"髀"是股骨,周朝时人们用牛股骨作成测日光影子的工具,见图 3-4。

我国的赵君卿于公元 222 年为《周髀算经》作注,证明了勾股定理。赵君卿又名赵爽,是三国时代吴国人,他的证明看图 3-5 不言自明。

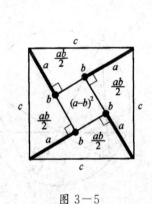

图 3-5

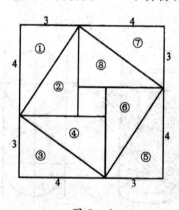

图 3-6

事实上

$$c^2 = \frac{ab}{2} + \frac{ab}{2} + \frac{ab}{2} + \frac{ab}{2} + (a-b)^2$$

$$= 2ab + 2a^2 + b^2 - 2ab$$

$$= a^2 + b^2$$

即 $a^2 + b^2 = c^2$，若 $a = 3$，$b = 4$，则 $c = 5$，即勾 3 股 4 弦 5，图 2—52 中勾 3 股 4 弦 5 的三角形共四个，下面称三边比为 $3:4:5$ 的直角三角形为 345 三角形，图 3—7 中的 345 三角形有 8 个：①，②，③，④，⑤，⑥，⑦，⑧。

二、徒手在正方形纸片上作出 24 个 345 三角形

只有一张正方形纸片，其上无任何标志，如何徒手地在这张正方形上显现出 24 个 345 三角形？

如图 3—7，容易证明与 △GHF 全等的三角形共计八个，与 △GMN 全等的三角形共计八个，与 △AEF 全等的三角形共八个，其中 E, P, M, Q 是正方形各边中点，这四个中点可以由正方形纸片对折得到，进而沿 $DE, DP, BQ, BM, AQ, AE, CM, CP$ 折叠，即得图 2—54 中各折痕线段和各三角形。而且容易看出 $\triangle GHF \backsim \triangle GMN \backsim \triangle AEF$，下面只证 $\triangle AEF$ 是 345 三角形。

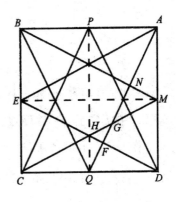

图 3—7

事实上，设正方形边长为 2，则正方形面积为 4，△CEQ 面积是 $\frac{1}{2}$，△ABE 与 △ADQ 面积和是 2，于是 △AEQ 的面积为

$$4 - 2 - \frac{1}{2} = 1\frac{1}{2} = \frac{1}{2}AQ \times EF = \frac{\sqrt{5}}{2} \times EF$$

于是 $EF = \frac{3}{\sqrt{5}}$，由勾股定理得 $AF = \frac{4}{\sqrt{5}}$，所以 △AEF 是 345 三角形，

进而得到 24 个 345 三角形。

常言道，工欲善其事，必先利其器；事实上，人手乃是世间最灵巧的工具，而最聪明者莫过于人脑，电脑永远不及人脑；上面不动用任何工具即造出 24 个 345 三角形即显示了手和脑的优势。

三、方圆之中的 345 三角形

图 3-8 中，$ABCD$ 是正方形，F 是 DC 中点，以 F 为中心以 FD 为半径画圆，AGH 是此圆切线，G 是切点，H 在线段 BC 上，则 $\triangle ABH$ 是 345 三角形。事实上，设 $AB=1$，则 $AG=1$，设 $HC=x$，则 $HG=x$，$BH=1-x$ 由勾股定理得

$$(1+x)^2 = 1^2 + (1-x)^2, x = \frac{1}{4}$$

于是 $AB=1$，$BH=\frac{3}{4}$，$AH=\frac{5}{4}$，可见 $\triangle ABH$ 是 345 三角形。

E 是 AB 中点，由相似性，$\triangle AKE$ 与 $\triangle FGK$ 也是 345 三角形；延长 FG 至 J，J 在 BC 上，则 $\triangle HGJ$ 与 $\triangle FCJ$ 也是 345 三角形。

作 $GP \parallel BC$，P 在 DC 上；连接 DJ 与 EF 交于 I，作 $IM \parallel AB$，M 在 AD 上；连接 AI。经简单计算知 $DM=\frac{1}{3}$，进而 $\triangle FPG$，$\triangle EMI$，$\triangle AIE$，$\triangle AME$，$\triangle AMI$ 都是 345 三角形。

由于矩形 $AEIM$ 的对角线把此矩形划分成两个 345 三角形，所以从此矩形对角线交点作其边的平行线分得的四个小矩形仍有原矩形的性质，即每个小矩形的两条对角线画出四个 345 三角形，如此可得 $4+4^2+4^3+\cdots$ 个 345 三角形，即可得任意多个 345 三角形。

经过简单计算可以断定图 3-9 至图 3-13 中的阴影三角形是 345 三角形。

图 3-9 中 O 是 AB 中点，$ABCD$ 是单位正方形，G 是半圆 $\odot O$ 与 $\frac{1}{4}$ 圆

⊙C 的交点；于是 OGE 是 ⊙C 的切线，在 $\triangle OAE$ 中，由勾股定理，$\left(\dfrac{1}{2}\right)^2 +$

$x^2 = \left[\dfrac{1}{2} + (1-x)\right]^2$，$x = \dfrac{2}{3}$，$OA = \dfrac{1}{2}$，$OE = \dfrac{5}{6}$，所以 $\triangle OAE$ 是 345 三

角形，由相似性，$\triangle OGF$ 也是 345 三角形。

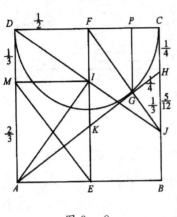

图 3－8

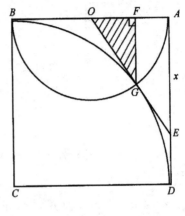

图 3－9

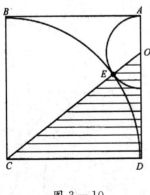

图 3－10

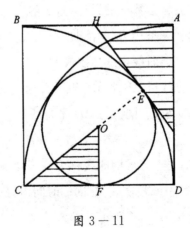

图 3－11

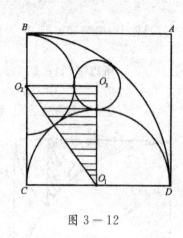

图 3—12

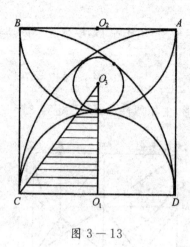

图 3—13

第五节　化圆为方的绝招

作一个正方形，使其面积和已知圆的面积相等，这就是化圆为方问题。

问题是数学的灵魂，为了解决化圆为方问题，古希腊数学家希庇亚斯发明了一条称为"割圆曲线"的奇怪曲线（当然这条曲线用规尺是作不成的）。割圆曲线是这样制成的：

把线段 AB 绕 A 点顺时针匀速旋转 $90°$ 到 AD 位置，同时与 AD 平行的直线 BC 匀速平移到 AD 位置，动线段 AB 与动直线 BC 的交点形成的曲线称为割圆曲线，见图 2—39 中的粗实线。在同一时间内，BC 平移到 $B'C'$，AB 转到 AB''，AB'' 与 $B'C'$ 交于 E 点，动点 E 的轨迹 BG 即为割圆曲线，它把

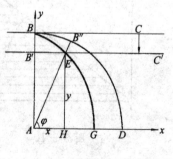

图 3—14

以 A 为中心的以 AB 为半径的 $\frac{1}{4}$ 圆切割成两块，故有其名谓之割圆曲线。

下面导出割圆曲线的方程：

$AB = a, AH = x, EH = y, \angle EAD = \varphi$，则 $\tan\varphi = \dfrac{y}{x}, \varphi = \arctan\dfrac{y}{x}$；

又

$$\frac{\varphi}{\dfrac{\pi}{2}} = \frac{EH}{AB} = \frac{t}{T}$$

其中 T 是 AB 转动 $90°$ 所用时间，t 是 AB'' 转角 φ 所用时间，于是

$$\varphi = \frac{\pi}{2a}y, \quad y = \frac{2a}{\pi}\varphi = \frac{2a}{\varphi}\arctan\frac{y}{x}$$

$$y = x\tan\frac{\pi y}{2a} \text{ 或 } x = \frac{y}{\tan\dfrac{\pi}{2a}y}$$

下面求 AG 的长度

$$AG = \lim_{y\to 0}\frac{y}{\tan\dfrac{\pi}{2a}y}$$

又 $\tan\dfrac{\pi}{2a}y = \dfrac{\sin\dfrac{\pi}{2a}y}{\cos\dfrac{\pi}{2a}y}$，而 $\cos\dfrac{\pi}{2a}y$ 当 $y\to 0$ 时以 1 为极限，所以

$$AG = \lim_{y\to 0}\frac{y}{\sin\dfrac{\pi}{2a}y} = \lim_{y\to 0}\frac{\dfrac{\pi}{2a}y}{\sin\dfrac{\pi}{2a}y}\cdot\frac{2a}{\pi}$$

令 $\dfrac{\pi}{2a}y = t$，只需求出 $\lim\limits_{y\to 0}\dfrac{\sin t}{t}$。由图 3–15，

$\triangle OAB$ 面积 $= \dfrac{1}{2}\sin t$，$\triangle OAT$ 面积 $= \dfrac{1}{2}\tan t$，

扇形 OAB 面积 $= \dfrac{1}{2}t$，所以

$$\frac{1}{2}\sin t < \frac{1}{2}t < \frac{1}{2}\tan t$$

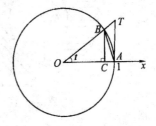

图 3–15

$$1 < \frac{t}{\sin t} < \frac{1}{\cos t}, \cos t < \frac{\sin t}{t} < 1$$

令 $t \to 0$，则

$$1 \leqslant \lim_{t \to 0} \frac{\sin t}{t} \leqslant 1$$

即 $\lim\limits_{t \to 0} \dfrac{\sin t}{t} = 1$（显然 t 是负值时，此极限迹为 1）。

至此知 $AG = \dfrac{2a}{\pi}$，于是 AG，AB 皆已知线段，且

$$\frac{AG}{AB} = \frac{AB}{\frac{1}{2}\pi a}$$

割圆曲线作成后，AG 已画出，于是 $\dfrac{1}{2}\pi a$ 是已知三线段的第四比例

项，用规尺可作出长 $\dfrac{1}{2}\pi a$ 的线段 l，以 l 为长，以 $2a$ 为宽作矩形，则此矩形

面积为 πa^2，即为已知圆的面积，令 $b^2 = 2a$，作 l 与 $2a$ 的比例中项 b，以 b 为

边的正方形即与已知圆等积的正方形。

下面讨论把弯月亮形化成等面积的正方形的问题。所谓弯月亮形是
指两圆相交于两点，在一圆内部而在另一圆外部的平面区域，图 3—16 的
阴影部分就是两个弯月亮。

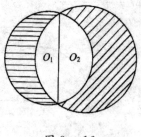

图 3—16

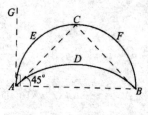

图 3—17

和化圆为方不能用规尺完成的难度有些区别的是，有些弯月亮是可

以用规尺作出的。

① 内外弓形角分别为 $45°$ 和 $90°$ 的弯月亮可以规尺作出,见图 $3-17$。

由于弓形角 $\angle GAB = 90°$,$\angle CAB = 45°$,其中 C 点在弯月亮的弧上,则 $\triangle ABC$ 是等腰直角三角形,$AB^2 = AC^2 + BC^2$;又由于

$$\frac{弓形\ ACE}{弓形\ ABD} = \frac{AC^2}{AB^2}, \frac{弓形\ BCF}{弓形\ ABD} = \frac{BC^2}{AB^2}$$

于是

$$\frac{弓形\ ACE + 弓形\ BCF}{弓形\ ABD} = \frac{AC^2 + BC^2}{AB^2} = 1$$

从而得知弯月亮的面积等于 $\triangle ABC$ 的面积。由于可以用规尺把 $\triangle ABC$ 公成等积的正方形,所以可把弯月亮 $ACBD$ 用规尺化成等积的正方形。

② 若弯月亮的外弧上的弦 $AA_1 = A_1A_2 = \cdots = A_{n-1}A_n = A_{n-1}B$,满足 $AA_1^2 + A_1A_2^2 + \cdots + A_{n-1}A_n^2 = AB^2$,又 AA_1 弦在外弧上构成的弓形角与 AB 弦在内弧上构成的弓形角相等,则弯月亮可用规尺化成等积正方形,见图 $3-18$。

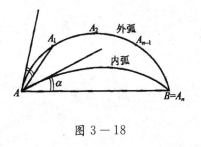

图 $3-18$

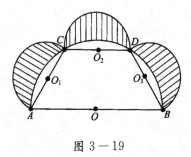

图 $3-19$

与①推理相似地可得外弧上的 n 个形的面积和等于内弧与 AB 弦组成的弓形面积,于是弯月亮的面积与多边形 $AA_1A_2\cdots A_{n-1}A_n$ 的面积相等,而多边形 $AA_1A_2\cdots A_{n-1}A_n$ 可以用规尺化成等积的三角形,此三角形再用规尺化成等积的正方形,于是终于用规尺把弯月亮化成等积的正

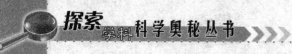

方形。

　　但并不是任何弯月亮形都可以用规尺化成等面积的正方形。例如图3—19中 AB 是大半圆直径，$AC = CD = DB$，则以 AC 为直径的半圆的面积加上三个弯月亮的面积等于梯形 $ABDC$ 的面积，由于梯形可以规尺等积化方，所以三个弯月亮加一个半圆可以规尺化方，而已知半圆不可规尺等积化方，所以这三个弯月亮之和不可规尺化方，从而一个这种弯月亮不可规尺化方。

第四章　数学符号的产生与演进

代数上的进步是由于引进了较好的符号体系,这对它本身的发展和分析的发展比 16 世纪技术上的进步更为重要。事实上,采取了这一步,才能使代数成为一门科学。

数学大量的运算和推理都是通过数学符号进行的。数学符号是一种特殊的数学语言,它能清楚地表达数学概念、运算过程和人的思维过程。在叙述上起着节约时间的作用,而且还能精确而深刻地表述着某种概念、方法与逻辑的关系。伟大的德国数学家莱布尼茨说过:"符号(指数学符号)的巧妙和符号的艺术,是人们绝妙的助手,因为它们使思考工作得到节约……在解释说明上有所方便,并且以惊人的形式节省了思维。"俄国数学家罗巴切夫斯基也说过,数学符号的语言更加完善、准确、明晰地提供了把一些概念传达给别人的方法。

下面介绍有关运算中的一些符号的由来。

一、加法符号"+"

加号是 1489 年德国数学家魏德迈(Widmann,1460~?)首先在其所写的一本算术书中使的。

加号的来历经过一段曲折的发展道路。古代许多国家除了用文章式的书写加法外,还有的将数学衔接在一起书写来表示加法。例如,古希腊和印度人就不约而同地把两个数字写在一起表示加法,如 $78\frac{8}{11}$ 就表示 $78+\frac{8}{11}$,这种记法的痕迹直到今天还可以看到。15 世纪,在欧洲已采用了拉丁字母的"p"(Plus 的第一个字母,意思是相加)或"P̄"。例如,4P3 表示 $4+3$,3P̄5 就表示 $3+5$。中世纪后期,欧洲的商业逐渐发达起来。一些商人常在装货的箱子上画一个"+"号,表示质量超过了。在 1489 年之后,经过法国数学家韦达的提倡和宣传,加号开始普及。

关于加号的由来,还有下述说法:

符号"+"是由拉丁文"et"演变而来的,原字就是"and",是"增加"的意思。14 世纪至 16 世纪欧洲文艺复兴时期,意大利数学家塔塔里亚用意大利文"Piu"(就是"Plus","相加"的意思)的第一个字母表示加,并写成"φ"。

加号正式得到大家的公认,还是 1630 年。

在中国,以"李善兰恒等式"闻名于世的数学家李善兰曾经用"⊥"表示加号(用"丅"表示减号),由于我国当时社会上普遍使用算筹和珠算进行加、减、乘、除四则运算,因而没有提出和准行专门使用的数学运算符号,李善兰提出的加(减)号没有得到推广使用。

二、减法符号"—"

在古代,许多国家如古希腊和印度人表示两数相减,就把这两个数写得离开一些距离,例如 $77\ \frac{8}{11}$,意思就是 $77-\frac{8}{11}$,这样表示相减当然是不明确的。另外,古希腊数学家基奥芬特曾使用符号"φ"表示减号,符号"—"先由拉丁文"minus"缩写成 m̄,后又略去字母 m 演变而来,原意是"减去"的意思。加号与减号开始用于商业,分别表示"盈余"和"不足"的意思。传说,卖酒人用线条"—"记酒桶里的酒卖了多少,在把新酒灌入大桶时,就将线条勾销,成为"＋",灌回多少酒,就勾销多少条,久而久之,符号"＋"就被用来表示加号,符号"－"表示减号。

中世纪后期,欧洲商业逐渐发达,一些商人常在装货箱子上画一个"－"号,表示质量略有不足。虽然如此,"－"号仍是德国数学家魏德曼1489年在他的著作中首先使用的,后来经过法国数学家们的大力提倡和宣传,"－"号开始普及,直到1630年"－"号才获得大家的公认。

三、乘法符号"×"

"×"号是英国数学家威廉・奥特雷得(Oughtred,1574～1660)在1631年提出的,在他的著作中用"×"表示乘法。如果说"＋"号是表示量增加的一种方法的话,那么"×"号则是表示量增加地更快的一种方法,因而把"＋"号斜过来写。"×"号出现以后,曾遭到德国数学家莱布尼茨的坚决反对,理由是:"×"号与拉丁字母"X"相似,很容易混淆,莱布尼茨赞成用"·"表示相乘。1637年,法国数学家笛卡儿也采用"·"号表示相乘,"×"号与"·"号相持不下,一直到今天这两种运算符号都在继续使用着。莱布尼茨曾提出用"∩"表示相乘,这个符号现在主要运用在集合论中,表示集合的交集。如果 A 表示所有等腰三角形组成的集合,B 表示所有直角三角形组成的集合,那么,它们的交集 A∩B 就是所有等腰直角三角形组成的集合。

另外,"·"与"×"还可以描述两个矢量 a,b 的点积与叉积。若 $|a|=a$,$|b|=b$,夹角 $(a,b)=\theta$,则 $a \cdot b = ab\cos\theta$,$a \times b = (ab\sin\theta)c_0$,其中 c_0 表示垂直于 a,b 两矢量的单位矢量,方向服从右手系。

四、除法符号"÷"

"÷"号,也是奥特雷德在1631年提出的,他还曾经用":"表示"除"或者"比"。在他之后,莱布尼茨也提出用"/"表示除。

中世纪时,阿拉伯数学很发达,出现了一位大数学家阿尔·花拉子模。他曾用除线"—"或"/"表示除,例如,$\frac{6}{23}$,$\frac{8}{19}$,2/27,…。人们认为,现在通用的分数记号即来源于此,至于"÷"号的由来,基于较长一段时间的"÷"号与":"号的混用,都认为各自的符号优越。后来出现了第三种意见,这就是1630年在英国人约翰·比尔的著作里,他把阿拉伯人的除号"—"与比的记号":"结合起来构成了"÷"号。

在一些外国的出版物中,很少看到"÷",一般都是用":"来代替,因为比的记号的用法与"÷"号基本上一样,大可不必再画出中间的一条线,所以除号"÷"现在用得越来越少了。

五、等号"＝"、大于号"＞"、小于号"＜"

现在通用的符号"＝"是1540年英国牛津大学数学教授锐考尔德(1510～1558)开始使用的,在锐考尔德写的《智慧的磨刀石》中说:"两条等长的平行线作为等号,再相等不过了。"就是说,他认为最能表示相等的是平行且相等的两条线段。16世纪法国数学家维叶特也曾使用过"＝",但在他写的著作中,这个符号并不表示相等,而是表示两个量的差别。到了1591年,经法国数学家韦达在他的著作中大量地使用等号"＝"以后,等号才逐渐为人们所接受和公认。但是等号"＝"真正被大家普遍使用,却是17世纪以后的事情了,这是因为德国数学家莱布尼茨广泛地使用这个符号,而且他的影响又很大。在等号"＝"通用之前,与等号含意相同的缩写符号"est"也流行过一段时间。

大于号"＞"及小于号"＜",是1631年英国著名的代数学家赫锐奥特(1560～1621)创用的。至于"≮"、"≯"、"≠"这三个符号的出现,那是近代的事了。

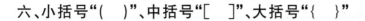

六、小括号"（ ）"、中括号"[ ]"、大括号"{ }"

小括号"（ ）"或称圆括号是 1544 年出现的,中括号"[ ]"或称方括号,大括号"{ }"或称花括号都是 1593 年由数学家韦达引入的,它们是为了适应多个量的运算而且有先后顺序的需要而产生的。在小括号产生以前人们曾用过括线"_____",例如,$10+8+19=10+27=37$,而且在小括号产生以后,括线仍在应用着,它的痕迹到现在还遗留在根号的记法上。

近年来,在记数法中,也应用了小括号,例如,为了把 8 进制与通常的 10 进制在写法上区别开来,通常把 8 进制数的外面加一个小括号,并在右下方写一个"8"字,如 $(1\,023)_8$,就表示 8 进制中的 1023,如要用 10 进制数写出来,就是

$$(1023)_8=1\times8^3+0\times8^2+2\times8+3\times8^0=531$$

七、根号"$\sqrt{}$"

平方根号是法国数学家笛卡尔首先在他的著作中使用的,他把立方根号写成 $\sqrt{C}$,例如,8 的立方根写成为 $\sqrt{C8}$。在笛卡尔之前数学家卡当曾用及表示平方根,R 是 Radix(拉丁文"根")的缩写变形。

德国学者在 1480 年前后,曾用"·"表示平方根,如·3 就是 3 的平方根,用"··"表示 4 次方根,用"···"表示立方根。16 世纪初,小点带上了一条尾巴,这可能是写快时带上的。到了 1525 年,在路多尔夫的代数里 $\sqrt{8}$,$v\sqrt{8}$ 表示 $\sqrt{8}$,$\sqrt[4]{8}$,笛卡儿的根号比路多尔夫的根号多了一个小钩并加上了括线,这对于被开方数是多项式时就方便得多,而且不致于发生混淆了。

八、指数符号"a^n"

用指数来表示数或式的乘幂,经过了复杂的演变过程。远在 14 世纪时,法国数学家奥利森(Oresme 1323~1382)开始采用了指数附在数字上的记法,1484 年,法国数学家舒开(Chuguet 1445~1500)在他的著作《三部曲》里用 12^3,10^5 和 120^8 表示 $12x^3$,$10x^5$ 和 $120x^8$。他又用 120 表示 $12x^0$,用 7^{1m} 表示 $7x^{-1}$。

意大利数学家邦别利在他的《代数》一书中把 x,x^2 和 x^3 写成①、②和③。例如,$1+3x+6x^2+x^3$ 就写成为:$1P。3①P。6②P。1③$。1585 年,荷兰数学家斯提文把这个式子写成 $1^0+3^1+6^2+1^3$。斯提文还采用了分数指数 $\frac{1}{2}$ 表示平方根,$\frac{1}{3}$ 表示立方根,等等。

笛卡儿在 1637 年系统地采用了正整数指数。他把 $1+3x+6x^2+x^3$ 写成 $1+3x+6xx+x^3$,他和别人有时也采用 x^2 这种记法,但不固定。一直到了 1801 年由高斯采用 x^2 代替 xx 后,x^2 成了标准的写法。面对于较高的幂指数,笛卡尔用 x^4,x^5,$\cdots$ 来表示,但没有用 x^n。牛顿最早使用了正指数、负指数、整数指数和分数指数,而且指出了不论什么指数,都可以用 a^n 来表示,并给出了 a^n 的定义。

九、对数符号"log","ln"

对数符号"log"最早是由莱布尼兹在数学书中引进的。它的正源来自于拉丁文 logaritus(对数)的前三个字母,进一步的缩写 lg 则表示以 10 为底的对数即常用对数。常用对数也叫布里格斯对数。如果以无理数 e 为底,$e=2.718281828459045\cdots=\lim\limits_{n\to\infty}(1+\frac{1}{n})/+n$",则称为自然对数,自然对数用符号"ln"来表示,记号"ln"是由欧拉引进的,是拉丁文 anturalis 和拉丁文 logitumus 合成的。

十、虚数单位 i、π、e 以及 $a+bi$

虚数单位"i"首先为瑞士数学家欧拉所创用,到德国数学家高斯提倡才普遍使用。高斯第一个引进术语"复数"并记作 $a+bi$。"虚数"一词首先由笛卡尔提出。早在 1800 年就有人用 (a,b) 点来表示 $a+bi$,他们可能是柯蒂斯(Cotes)、棣莫佛、欧拉以及范德蒙。把 $a+bi$ 用向量表示的最早的是挪威人卡斯巴·魏塞尔(Caspar Wessel,1745~1818),并且由他第一个给出复数的向量运算法则。"i"这个符号来源于法文 imkginaire——"虚"的第一个字母,不是来源于英文 imaginarynumber(或 imaginaryquautity)。复数集 C 来源于英文 complexnumber(复数)一词的第一个字母。

圆周率"π"来源于希腊文 πειφεια——圆周的第一个字母。"π"这个记号是威廉·琼斯(William Jones)在 1706 年第一个采用的,后经欧拉提倡而通用。

用"e"来表自然对数的底应归功于欧拉。他也是第一个证明了 e 是无理数的人。公式

$e^{i\theta}=\cos\theta+\sin\theta$,为欧拉首创,被称为"欧拉公式"。式子 $e^{i\pi}+1=0$ 将 $i,\pi,e,1$ 这四个最重要的常数连在一起,被认为是一个奇迹。

十一、函数符号

"数学从运动的研究中引起出了一个基本概念,在那以后的两百年里,这个概念几乎在所有的工作中占中心位置,这就是函数或变量间的关系的概念。"

伽利略(Galileo Galilei,1564~1642)用文字和比例的语言表达函数关系。17 世纪中叶,詹姆斯·格列格利(Jalnes Gregory,1638~1675)在《论圆和双曲线的求积》中,定义函数是这样一个量:它是从一些其他量经

过一系列代数运算而得到,或者经过任何其他可以想象的运算得到的。

约翰·伯努利、欧拉都认为函数是一个变量和一些常量经任何运算得到的解析式。整个 18 世纪占统治地位的函数是一个解析表达式。持这种观点的还有拉格朗日、达朗贝尔、高斯、傅里叶等。

柯西在他 1821 年的书中首先给出变量的概念,又给出了一个量是另一个量(自变量)的函数的概念,这个概念近似于现在的函数概念。狄利克雷给出了(单值)的函数的定义,即如果对于给定区间上的每一个 x 的值有唯一的一个 y 值同它对应,那么 y 就是 x 的函数。这个定义实际上与现在中学教科书上的定义一样。

在函数符号的引入上,1665 年,牛顿用"流量"(fluent)一词表示变量间的关系。莱布尼兹用"函数"(function)一词表示随着曲线上点的变动而变动的量——这个量可以是切线、法线等。约翰·伯努利还用"X"或"ξ"表示一般的 x 的函数;1718 年,他又改写为"φx"。现在的记号,$f(x)$ 是欧拉于 1734 年引进的。"f"来源于拉丁文 functio,而不是英文 function。

十二、求和符号"$\sum$"、和号"S"、极限符号及微积分符号

求和符号"$\sum$",正源来自于希腊文"$\sigma o o \alpha \rho \omega$"(增加),用它的第一个字母的大写。数列中的和号,正源也是拉丁文 samma——"和"的第一个字母。很多人认为它来源于英文 Sum(和)似有误。现在的积分号∫是莱布尼茨创用的,记号∫是英文 sum——"和"的第一个字母的拉长,微分号也是由他首创的。极限符号的正源,是拉丁文"limes"(极限),而法文 limeite 和英文 limit 均有"极限"的意思,但不是正源。极限符号的读法一般按英文 limit 的读法。

十三、三角函数的符号与反三角函数的符号

三角学起始于古希腊的"三角术"——与天文学相关的球面三角。"正弦"名称,是 12 世纪欧洲人翻译阿拉伯著作的译名,拉丁文 sinus 是现在正弦符号的正源。余弦的概念最初是作为"附加正弦"出现的,其拉丁文是 sinus complementi,简写为 sinusc. 或 co－sinus,这是现在余弦的渊源。16 世纪,随着"附加正切"(余切)"附加正割"(余割)的相继出现,才把这些名称分别改为余弦、余切和余割。

sine(正弦)一词创始于阿拉伯人,最早使用的是雷基奥蒙坦(1436～1476)。雷基奥蒙坦是 15 世纪西欧数学界的领导人物,他在 1464 年完成他的主要著作《论各种三角形》。这是一本纯粹的三角学,但一直到 1533 年才开始印行。由于他的这本著作,三角学从此脱离天文学,独立成为一门数学分科。

cosine(余弦)及 cotangent(余切)为英国人根日尔(1626 年逝世)创用,最早是在 1620 年伦敦出版的他所著的一本《炮兵测量学》中出现的。

secant(正割)及 tangent(正切)为丹麦数学家托马斯·芬克(1561～1646)所创用,最早见于他的《圆几何学》一书。

cosecant(余割)一词为锐梯卡斯(1514～1567)所创用,最早见于他 1596 年出版的《宫廷乐曲》一书。

1626 年,阿贝尔特·格洛德(1590～1624)最早将"sine","tangent","secant"简写为"sin","tan","sec"。1675 年,英国人奥曲特最早将"cosine","cotangent","cosecant"简写为"cos","cot","csc"。但这些符号一直到 1748 年,经过欧拉的应用后,才逐渐通用。新中国成立后,由于受前苏联教材的影响,我国教学书籍中"cot"改为"ctg","tan"改为"tg",其余四个符号均未变。现在又改回来,用"tan"和"cot"了。

反三角符号一般认为源于英文,如 arcsinx 来源于英文 arcsine,其余

几个符号同此。

十四、其他符号

由于英文的通用,数学中的许多代号和符号大都为英文的简写。如 Max,Min(最大、最小)来源于英文 Maximus Value,Minimus Value(最大值、最小值);A·P 和 G·P 分别表示等差数列和等比数列,它们来源于 Arithmetical progression(算术数列、算术级数)Ceometrieal progression(几何级数、等比数列);质数通常用 P 表示,来源于 prime number(质数、素数);Im(z)和 Re(z)表示 z 的虚部和实部,分别来源于 I maginary part(角)、side(边),用于平面几何中(a,s,a)、(s,s,s)等;直线常用 l 表示,源于 line;点用户表示源于 point;Rt△ 源于 Right (angle) triangle 等。

第五章 模糊数学初探

第一节 由一个古希腊问题引出的模糊概念

早在古希腊时期，人们讨论过这样一个问题：多少粒种子算作一堆？显然，一粒种子肯定不叫一堆，两粒也不是，三粒也不是……另一方面，所有的人都能同意，一亿粒种子肯定算作一堆。那么适当的界限在哪里？我们能否确定一个数字，例如 325647，超过它就算作一堆，否则便不算作一堆？如果是这样，325648 就构成一堆，而 325647 却不是一堆这合理吗？当时这个问题是无从解决的。

问题的困难就在于"一堆"这个概念是个模糊概念。

在自然界和人类的日常活动中，几乎处处是模糊现象或模糊概念。例如下雨这一自然现象，从倾盆大雨到绵绵细雨，各种情况都要经常出现，它不以固定不变的一种方式发生，这就是模糊现象。

人们为了了解、掌握和处理自然现象，在大脑中所形成的概念往往是模糊概念。由此形成的划分、判断与推理也都具有模糊性。例如，为了描述雨下的程度，人们可以把它划分为大雨，中雨和小雨，然而——

什么样的雨是大雨？

什么样的雨是中雨？

什么样的雨是小雨？

人们是说不清的，这样的概念就是模糊概念。

模糊概念在现实世界里举不胜举：年轻人、高个子、大胖子、多云、黄昏、有雾、优、良、差、四肢无力、性能良好、生产率高等等，这些都是模糊概念。由于人类所使用的词汇是有限的，面对复杂的模糊现象，只能作出有限的划分，例如对于下雨这一现象，可以分为大雨、中雨和小雨，这就是模糊划分。假如今天下雨了，人们便会根据雨下的程度定为大雨、中雨或小雨，这就是模糊判断。进而，再根据这样的判断推测今年的收成是好，一般，还是坏。这就是模糊推理。

人类的大脑具有很高的模糊划分，判断和推理的能力。人们为了表达和传递知识而使用的语言，巧妙地渗透着模糊性，这可以用最少的词汇表达尽可能多的信息。但是，人们又习惯于追求精确性或清晰性，自从有了数学以后，人们总希望把事物以数字的形式清楚地表达出来，这是事物发展的必然趋势。然而面对模糊现象，人们使用传统数学会遇到实质性的困难。上面提到的古希腊问题正说明了精确性与模糊性很早就作为一对矛盾而出现了，只不过由于当时科学发展的局限而没能得到足够的重视。

当今世界知识迅速膨胀，新学科层出不穷，旧学科不断地革新。各门学科迫切地要求数学化、定量化。科学的全面发展，伴随着数学的全面渗透。第二次世界大战以后，数学方法开始成功地应用于工程技术之外的领域，如人文科学。所谓人文科学是指人参与其中的科学，比如管理学、教育学、科学等等。数学的应用对象从"物理"进入"事理"，而这恰恰是模糊性最集中的地方，因此人们不得不与模糊现象打交道。这意味着研究对象的复杂化。复杂的事物有两个突出的特点：一是影响该事物的因素众多，人们又不可能认识全体因素，只能在有限的一些因素上考察事物，这样一来，本来是清晰的现象也变得模糊了；二是深度延长（难度增大），这带来了数学模型的复杂化,于是模糊性逐次积累,变得不可忽略。

因此,精确性与模糊性的对立是当今科学发展所面临的一个十分突出的矛盾。模糊数学的创始人,美国控制论专家扎德总结出一条互克性原理,精辟地概括了这个矛盾:"当系统的复杂性日趋增长时,我们作出系统特性的精确而有意义的描述能力将相应降低,直到达到这样一个阈值,一旦超过它,精确性和有意义性将变成两个几乎互相排斥的特性。"

这就是说,复杂程度越高,模糊性便越强,精确化程度也就越低。用一个流程来表示就是:

复杂性升高→模糊性增加→精确性降低,人们总希望把这个流程改为下面的形式:

复杂性升高→模糊性增加→保持或提高精确性

对比两个流程图,可以看出,欲解决精确性与模糊性的矛盾,其办法是在它们之间建起一座桥梁——模糊数学。

第二节　集合的产生

一、一个"疯子"的后遗症

"概念"是人们常使用的名词,例如"男人"就是一个概念,"桌子"、"房屋"等都是概念。一个概念有它的内涵和外延。所谓内涵是指符合此概念的对象所具有的共同属性。例如"人"这一概念的内涵就是一切人所具有的共同特征:有思维和语言,能制造劳动工具等等。而外延指的是符合此概念的全体对象。例如"人"的外延就是世界上所有的人。若利用"集合"这个名词,则"外延"的严格解释为:符合此概念的全体对象所构成的集合。因此,集合可以表现概念,集合之间还有运算和变换夕它们可以表现判断与推理。严格的说,现代数学,是以集合论作为基础的,这意味着现代数学成为描述和表现各门学科的形式语言和系统。

集合论是由德国数学家康托(Cantor,1842－1999)创立的。康托，1845年3月3日出生于俄国圣彼得堡的一个商人家庭，他从中学起就特别喜欢数学，1862年在瑞士的苏黎士上大学，1863年转入柏林大学。康托在这里受到了许多数学大师的影响，如库末尔(Kummcr)、克罗内克(Kronecher)、魏尔斯特拉斯(Weicrstrass)等等。1869年，他取得在哈勒(Halle)大学任教的资格，很快就升为副教授(当时他还不到30岁)，1879年提升为教授。1874年他发表了第一篇关于集合论的论文，而后一直在这个方向上艰苦地工作着，发表了大量的有关论文。然而，他的成果在30年中却得不到承认，他遭到了各方的怀疑，讥讽甚至忌恨，集合论也被称作"怪物"。由于种种原因，康托得了严重的精神抑郁症，常常住在疗养院里，难怪有人把他叫作"疯子"。他就在这样极端困难和痛苦之中，于1895年和1897年发表了最后两篇集合论的文章，其中，他建立了"序型"的概念，研究无穷大上的无穷大，相当于九重天上还有九重天，十八层地狱下还有十八层地狱。1918年1月6日，他死于精神病院。

康托的集合论是数学上最具有革命性的理论，它的发展道路也自然是不平坦的。然而，科学上的任何一块"金子"，一旦被挖掘出来，总会有人认识它，并小心地捡起，再放入"金库"。后来许多著名数学家认识了并且支持康托的集合论，例如戴德金(Dedckinol)、魏尔斯特拉斯等，最值得一提的是数学大师希尔伯特(Hilbert)，他勇敢地捍卫了集合论并为之而工作。如果说康托时代的集合论还是三岁儿童的话，那么现在集合论已经是百岁老人了。它被作为整个数学的基础，甚至在中学乃至小学课本里都能见到这"老人"的影子。

什么叫做"集合"呢？首先要说明的是，对任何一个概念下定义，需借助于比它更为基本的概念。然而，在各个历史发展阶段中，总有一些概念无法找到比它们更为基本的概念，集合就是如此。

康托曾对集合作过这样的描述:把一些明确的(确定的),彼此有区别的,具体的或想象中抽象的东西看成一个整体,就叫做集合。

例如,3本书组成一个集合,5支铅笔组成一个集合,26个英文字母也组成一个集合。

康托创造集合的重要方法之一就是概括原则。所谓概括原则是指,任给一个性质,用字母 P 表示这个性质,便能把所有满足性质 P 的对象,也仅由具有性质 P 的对象,汇集在一起构成一个集合。用符号表示就是

$$A = \{a \mid P(a)\} \qquad (5.1)$$

其中 A 表示集合,a 表示 A 中任何一个对象,称为元素,$P(a)$ 表示 a 具有性质 P;$\{\}$ 表示把所有具有性质 P 的 a 汇成一个集合 A。概括原则的另一表达式为:

$$(\forall a)(a \in A \Leftrightarrow P(a)) \qquad (5.2)$$

其中"$\forall$"表示"对每一个","$\in$"表示"属于","$\Leftrightarrow$"表示"当且仅当"。把这个表达式翻译出来就是,对每一个对象 a,a 属于集合 A,它一定具有性质 P;反之,具有性质 P 的对象 a 都属于集合 A。形象地讲,我们想象有一只透明而不可穿透的薄膜,就像一只严格密封的特制"气球"。在这只气球中包含了已知集合 A 的元素,除此以外,再无别的东西,这样的气球就是一个集合。这只气球恰恰表示了将元素汇集在一起的那个作用,正是由于这个作用的结果,才产生了集合。

例如,自然数全体构成的集合记为:

$$N = \{1,2,3,4,\cdots\cdots\}$$

实数全体构成的集合记为:

$$R = \{r \mid r \text{ 是实数}\}$$

26个英文字母作成的集合可记为:

$$A = \{a,b,c,d,\cdots\cdots,z\}$$

集合 $B = \{x \mid ax^2 + bx + c = 0\}$ 表示二次方程 $ax^2 + bx + c = 0$

根的全体。

然而,康托的集合论内部也存在着矛盾。康托本人从 1894 年到 1895 年陆续发现了一些矛盾。最生动的例子莫过于大数学家罗素 (Russcll,1872~1970)提出的悖论(自相矛盾,混乱),后来他用一个"理发师悖论"形象地说明自己的悖论:一个乡村理发师,自夸无人可比,他宣称不给自己刮脸的人刮脸,只给所有自己不刮脸的人刮脸。有一天他发生了疑问,他是不是应该给自己刮脸? 如果他自己给自己刮脸,按他的声明前一半,他不应该给自己刮脸,假如他自己不给自己刮脸,则按声明的后一半,又必须给自己刮脸。于是这个理发师陷入了矛盾的境地。罗素悖论实质上同理发师悖论差不多。他把所有集合分为两类:如果集合 A 本身是 A 的一个元素,即"$A \in A$。,则称 A 是第一类集合,否则称为第二类集合。令

$$Q = \{x \mid x \in x\}$$

则 Q 为所有第二类集合所组成的集合,即 Q 是由具有性质"$x \notin x$"的那些集合 x 组成的。那么,Q 是第一类集合还是第二类集合呢宁如果 Q 是第一类集合,即 $Q \in Q$,则因 Q 的任何元素 x 都具有性质 $x \in x$,于是 $Q \in Q$,这与 $Q \in Q$ 矛盾。因此 Q 不是第一类集合。如果 Q 是第二类集合,即 $Q \in Q$,则由 Q 的做法知,Q 应该是 Q 的元素,即满足 $Q \in Q$,这又与 Q 正 Q 矛盾,因此 Q 也不能是第二类集合。于是自相矛盾。

自从集合论中出现了悖论之后,动摇了数学的基础,引起了数学上的第三次危机。然而这还算不上是康托的后遗症,因为在此之后,许多数学家至力于排除悖论的研究,建立了公理化集合论,基本上解决了悖论问题,相对稳固了数学基础。

那么,康托留下了什么后遗症呢?实际上,在康托建立集合论的一开始就带入了病根,让我们回过头来再考察康托关于集合的描述。特别要留心的是,康托要求组成集合的那些对象是确定的,彼此有区别的,这意味

着要求用以构造集合的性质 P 必须是界线分明的,亦即要求任何对象要么具有性质 P,要么不具有性质 P,二者必居其一,且仅居其一,因此满足排中律(非此即彼)。上述那只气球的不可穿透性恰恰说明了这一点。按照这一要求,集合所表现的概念(性质或命题),真就是真,假就是假,只有真假二字以供推理,形成一种二值逻辑,于是,数学对于客观事物便作了一个绝对化的写像。这样,数学便与人脑实行了一种分离,这种分离有着重要的意义,但也给数学自身的应用和发展带来了很大的局限性。人脑中的概念,几乎都是没有明确外延的。例如,象胖子(性质 P)这样一个概念,在康托的意义下就不能造出集合,因为对任何一个人来说,他是否具有性质 P(胖子)是不能明确判定的。

没有明确外延的概念就是模糊概念。这就是说,康托一开始就相当于宣布集合是不表现模糊概念的!于是,基于康托集合之上的数学也相当于宣布:我们的数学是不处理模糊现象的!

在不得不处理模糊现象的今天,我们不能不说康托为我们留下了一个后遗症。

二、集合与集合之间的关系

为了以后说话方便起见,我们先来了解一下(普通)集合之间有着什么样的联系。

设 U 是给定的论域,A、B 是 U 上的两个集合,如果对任意的 $u \in U$,由 $u \in A$ 可推出 $u \in B$,则称 A 包含子 B(或称 A 被 B 包含),记作 $A \subseteq D$,亦称 B 包含 A,记作 $B \supseteq A$。这时,称 A 是 B 的子集合。图 5-1 给出了包含关系的直观表示。从图 5-1 可以看出,小圈 A 在大圈 B 内,因此小围中的点一定在大圈中。

例 5.1 设 $A = \{2,4,6,8\}$,$B = \{1,2,3,\cdots\cdots,10\}$,则 A 是 B 的子集合,即 $A \subseteq B$。

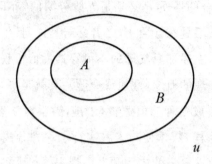

图 5-1 $A \subset B$

例 5.2 设 A 是全体男人的集合，B 是全体人的集合，则 $A \subseteq B$。

显然，论域 U 上任何一个集合 A 都是 U 的子集合，即 $A \subseteq U$。

不含任何元素的集合叫做空集合，记作 $\varnothing$。

约定：空集合是任何集合的子集合。于是，对 U 上任何一个集合 A，总有 $\phi \subseteq A \subseteq U$。

把 U 的每一个子集合都视为新的元素，由 U 的一些子集合又可以组成集合 ——"集合的集合"，称为集类（或称集族）。这是提高了一个层次的集合。

U 的一切子集所组成的类

$$P(U) \triangleq \{A \mid A \subseteq U\} \qquad (5.3)$$

称为 U 的幂集合（符号"$\triangleq$"表示"定义"或"记作"）。

例 5.3 设 $U = \{1,2,3\}$ 则

$$P(U) = \{\varnothing,\{1\},\{2\},\{3\},\{1,2\},\{1,3\},\{2,2\},U\}$$

同时还可看出，由于 U 有 3 个元素 i 那么 $P(U)$ 恰有 $2^3 = 8$ 个元素。这是幂集合名称的来源。

设 A、B 是 U 上的集合，记

$$A \cup B \triangleq \{u \in U \mid u \in A \text{ 或 } u \in B\}, \qquad (5.4)$$

$$A \cap B \triangleq \{u \in U, \mid u \in \text{ 且 } u \in B\}, \qquad (5.5)$$

$$A - B \triangleq \{u \in \bigcup \mid u \text{ 正 } A \text{ 且 } u \in B\}, \qquad (5.6)$$

$$A^c \triangleq \{u \in \bigcup \mid u \in A\}, \qquad (5.7)$$

分别称之为 A 与 B 的并集合,交集合,差集合以及 A 的余集合。参见图 $5-2$。

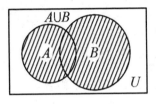
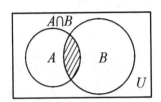
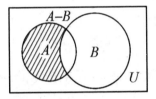
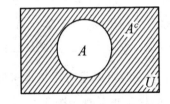

图 $5-2$ $A \bigcup B, A \bigcap B, A - B, A^c$

例 5.4, $\bigcup = \{l, 2, 3, 4, 5\}$, $A = \{1, 2, 3\}$, $B = \{2, 2, 4\}$, 刚 $A \bigcup B = \{1, 2, 3, 4\}$, $A \bigcap B = \{2, 3\}$, $A^c = \{4, 5\}$, $B^c = \{1, 5\}$。

集合的并、交,余运算有如下性质:

(1) 幂等律 $A \bigcup A = A$, $A \bigcap A = A$,

(2) 交换律 $A \bigcup B = B \bigcup A$, $A \bigcap B = B \bigcap A$;

(3) 结合律 $(A \bigcup B) \bigcup C = A \bigcup (B \bigcup C)$,

$\qquad (A \bigcap B) \bigcap C = A \bigcap (B \bigcap C)$,

(4) 吸收律 $(A \bigcap B) \bigcup A = A$, $(A \bigcup B) \bigcap A = A$,

(5) 分配律 $A \bigcap (B \bigcup C) = (A \bigcap B) \bigcup (A \bigcap C)$,

$\qquad A \bigcup (B \bigcap C) = (A \bigcup B) \bigcap (A \bigcup C)$,

(6) 两极律 $A \bigcup U = U$, $A \bigcup \emptyset = A$,

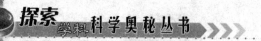

$$A \bigcap U = A, A \bigcap \varnothing = \varnothing,$$

（7）复原律 $(A^c)^c = A$，

（8）对偶律 $(A \bigcup B)^c = A^c \bigcap B^c, (A \bigcup B)^c = A^c \bigcup B^c$，

（9）补余律 $A \bigcup A^c = U, A \bigcap A^c = \varnothing$。

集合可分为有限集与无限集。含有有限个元素的集合称为有限集。有 n 个元素的集合记为

$$A = \{a_1, a_1, \cdots, a_n\}。$$

（5.6）非有限集称为无限集。

（5.6）式中元素的下标 $1, 2, \cdots\cdots, n$，也可构成一个集合

$$T = \{1, 2, \cdots\cdots, n\}, \qquad (5.8)$$

称为指标集（相对于集合 A 来讲），于是 A 还可表示为

$$A = \{a_t \mid t \in T\}。 \qquad (5.9)$$

指标集既可以是有限集也可以是无限集。例如，集合 $B = \{b_1, b_2, b_3, \cdots\cdots\}$ 的指标集就是无限集 $T = \{1, 2, 3, \cdots\cdots\}$，于是 B 也可以写成 $B = \{b_t \mid t \in T\}$。

集合的并、交运算可以推广到任意多个集合上去。设 T 是任何一个指标集（有限的或无限的），记 $\bigcup_{t \in T} T_t^A \triangleq \{u \in \bigcup \mid$ 至少有一个 $t \in T$ 使 $u \in A_t\}$，$\bigcap_{t \in T} T_t^A \triangleq \{u \in \bigcup \mid$ 对任何 $t \in T$，必有 $u \in T_t\}$，分别称为集合族 $\{A\{A_t \mid t \in T\}$ 的并集与交集。

集合之间还可以通过"映射"建立联系。什么叫做映射呢？我们大家都有函数的朴素概念（例如三角函数，对数函数等等），实际上，映射只不过是函数的推广（在现代数学中，映射与函数是同义词）。

设 A, B 是两个非空集合，如果有一个规则 f，通过它，对每一个 $x \in A$，唯一确定一个 y 正 B 与之对应，则称 f 是从 A 到 B 的一个映射（mapping），记为

$$f:A \rightarrow B。 \qquad (5.10)$$

A 称为 f 的定义域，B 称为 f 的值域，y 称为 x 在 f 作用下的象，记作 $y = f(x)$，并用符号

$$f:x \rightarrow B \qquad (5.11)$$

来表示，x 称为 y 的一个原象。

例 5.5 设 a、b、c 表示 3 位教师，他们组成一个集合 A，即 $A = \{a, b, c\}$。已知 a，b 两人每月的工资是 80 元，c 每月的工资是 100 元。取 $B = \{70, 80, 90, 100, 110\}$ 作映射

$$f:A \rightarrow B$$
$$a \rightarrow 80$$
$$b \rightarrow 80$$
$$c \rightarrow 100$$

即 $f(a) = 80, f(b) = 80, f(c) = 100$。这个映射表示了这三位教师与其每月工资的对应关系，参见图 5－3。

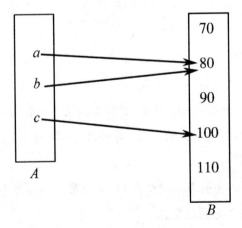

图 5－3　映射 f 的示意图

例 5.6. 设 $A = \{a, b, c\}$，$B = \{1, 2, 3, 4\}$ 是两个集合，A 为三个学生

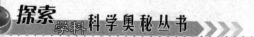

的集合,B 为"优"、"良"、"中"、"差"4 个等级。对应规则

$$f:a \rightarrow 1, b \rightarrow 1, c \rightarrow 2$$

是使 f 成为 A 到 B 的一个映射,其意义为 a,b 被评为优,c 被评为良。对应规则

$$g:a \rightarrow 1, b \rightarrow 2, C \rightarrow 3$$

也是使 g 成为 A 到 B 的映射。但对应规则

$$h:a \rightarrow 1, b \rightarrow 2$$

不是 A 到 B 的映射,因为 c 在 h 的作用下没有象。实际上,一个班的学生要么都评级,要么都不评级,有的评有的不评自然是不合理的。对应规则

$$k:a \rightarrow 1, a \rightarrow 2, b \rightarrow 3, c \rightarrow 4$$

也不是 A 到 B 的映射,因为 a 在 k 的作用下象不唯一。实际上,学生 a 既是优又是良,出现了二义性,因此是不合理的。

例 5.7 取 $A = \{0, 2\pi\}$,$B = \{-1, 1\}$,从 A 到 B 的映射

$$f : A \rightarrow B$$

$$x \rightarrow y = f(x) \Delta \sin x$$

是我们熟知的正弦函数(仅取 0 到 2π 一个周期作为定义域)。

我们再细致地分析一下例 5.5。本来 $A = \{a, b, c\}$,$B = \{70, 80, 90, 100, 110\}$ 是两个毫无关系的集合,如果我们赋予它们实际的涵义:A 表示三个教师的集合,B 表示他们每月工资的集合,则映射 f 沟通了 A 与 B 的联系,即教师与其每月工资的对应关系。

映射是数学中十分基本的概念,它作为数学的一种手段,去揭示现实世界中不同对象之间的联系。

三、模糊集合是由普通集合拼凑而成的

在实际应用中,对于模糊现象常常需要作出不模糊的判决。因此需要

有一道桥梁能够把模糊集与普通集沟通起来。在普通集中,只有当隶属度 $C_A(u)=1$ 时,才把 u 看作是属于 A 的元素。对于模糊集来说,这样的门坎太高了,需要把门坎降低一些,将 1 改成某一个数 $\lambda \in \{0,1\}$,给定这个门坎以后,当且仅当 $u_A(u) \geqslant \lambda$ 时,才说 u 是 A 中的元素。这样,对于每一个入,都能从 U 中确定一个普通集,它是 A 在 λ 定这一信任程度之上的显像。

设 A 是论域 U 上的模糊集,对任意 $\lambda \in \{0,1\}$,记

$$A_\lambda \triangleq (A)_\lambda \triangleq \{u \in U \mid \mu A(u) \geqslant \lambda\} \qquad (5.12)$$

称为 A 的 λ 截集。

显然 $A\lambda$ 是 U 上的普通集合。

例 5.1 设 $U = \{a, b, c, d, e\}$,$A = \dfrac{1}{a} + \dfrac{0.75}{b} + \dfrac{0.5}{c} + \dfrac{0.25}{d} + \dfrac{0}{e}$,容易看出

$A_1 = \{a\}$,$A_{0.7} = \{a, b\}$,$A_{0.6} = \{a, b, c\}$,$A_{0.2} = \{a, b, c, d\}$,$A_0 = U$

截集具有以下性质:

(1) $(A \cup B)_\lambda = A_\lambda \cup B_\lambda$;

(2) $(A \cap B)_\lambda = A_\lambda \cap B_\lambda$;

(3) $A_0 = U$,

(4) 若 $\lambda_1 \leqslant \lambda_2$,则 $A_{\lambda_1} \supset A_{\lambda_2}$。

设 $\lambda \in \{0,1\}$,A 是 U 上的模糊集合,由 λ 与 A 还可做出一个新的模糊集合,记作 λA,称为 λ 与 A 的数乘,它的隶属函数规定为

$$\mu \lambda A(u) = \lambda \wedge \mu A(u), \qquad (5.13)$$

特别当 A 为普通集合 A 时时,(5.13) 式变为

$$\mu \lambda A(u) = \lambda \wedge C_A(u), \qquad (5.14)$$

另外,当 $A = A_\lambda$ 时,(5.14) 式又变为

$$\mu\lambda A_\lambda(u) = \begin{cases} \lambda, 0 \leqslant \lambda \leqslant \mu_A(u), \\ 0, \mu_A(u) < \lambda \leqslant 1 \end{cases} \qquad (5.15)$$

这时因为,当 $0 \leqslant \lambda_A(u)$ 时,$u \in A_\lambda$ 故,$CA_\lambda(u) = 1$,从而 $\mu\lambda A_\lambda(u) = \lambda \wedge CA_\lambda(u) = \lambda \wedge 1 = \lambda$;当 $\mu_A(u) < \lambda \leqslant$ 时 $u \in A_\lambda$,故 $CA_\lambda(u) = 0$,从而 $\mu\lambda A_\lambda(u) = \lambda \wedge CA_\lambda(u) = \lambda \triangle = 0$。

数乘有下面的性质:

(1)$\lambda_1 \leqslant \lambda_1$,则 $\lambda_1 A \subseteq \lambda_2 A$,

(2) 若 $A \subseteq B$,则 $\lambda A \subseteq \lambda B$。

下在的分解定理是模糊集合论中的基本定理。

分解定理 若 $A \in F(u)$,即 A 是 u 上的模糊集,则

$$A = \bigcup_{\lambda \in \{0,1\}} \lambda A_\lambda,\text{则}$$

证明 令 $B_{\sim} = \overset{u}{\underset{\lambda \in [0,1]}{}} \lambda A_\lambda$,则

$$\mu_B(u) = \underset{\lambda \in [0,1]}{\vee} \mu\lambda A_\lambda = \underset{\lambda \in [0,1]}{\vee} (\lambda \wedge CA_\lambda(u))$$

$$= \left(\underset{0 \leqslant \lambda \leqslant \mu_A(u)}{\vee} (\lambda \wedge CA_\lambda(u)) \right)$$

$$\vee \left(\underset{\mu_A(u) \leqslant \lambda \leqslant 1}{\vee} (\lambda \wedge CA_\lambda(u)) \right) =$$

$$\underset{0 \leqslant \lambda \leqslant \mu_A}{\vee} (u)\lambda = \mu_A(u),$$

因此 $A = B = \underset{\lambda \in [0,1]}{U} \lambda A_\lambda$。

证毕

从形式上看 A 是由一族 A_λ,$\lambda \in \{0,1\}$,拼凑而成的。

如果 A 本身就是一个普通集合,则 λ 无论怎样改变($\lambda \neq 0$),A_λ 总是 A

自身,如果 A 是个"真"模糊集,则 λ 从 1 减小得 0 时,A_λ 逐渐扩大,最后就为整个 U。见图 5—4。因此,一个模糊集合对应着一串普通集合 $\{A_\lambda \mid \lambda \in [0,1]\}$,它们是 A 在不同的 λ 水平上的显像,λ 的高低会导致 A_λ 的收缩与膨胀,像征着 A 是一个具有游移运界的集合。

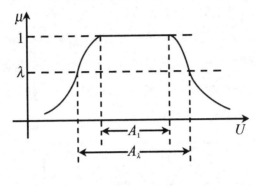

图 5—4

四、模糊关系

(普通)关系只能描述元素间关系的有无。现实世界存在着大量的更为复杂的关系,它们元素间的联系不是简单的有和无,而是不同程度地存在。例如,给出几个家庭成员的一组照片,考虑照片之间的"相像"关系,这时就很难绝对地说"像"与"不像",只能评论它们"相像"的程度。因此需要引入更广泛的概念"模糊关系",实际上它也是一种模糊集合。

设 U,V 是两个论域,由 U,V 作出一个新的论域 $U \times V$,$U \times V$ 上的模糊集 R 称为 U 与 V 之间的模糊关系,即

$$u_R : U \times V \to [0,1]$$

$$(u,v) \to \mu_R(u,v)$$

其中 $\mu_R(u,v)$ 称为 u 与 v 关系 R 的关系强度。当 $U = V$ 时,称 R 为 U 上的模糊关系。

例 13.1 在实数集 R 上规定一个"远远大于"关系,记作:$\gg$

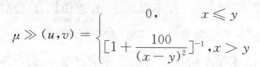

$$\mu \gg (u,v) = \begin{cases} 0, & x \leqslant y \\ [1 + \dfrac{100}{(x-y)^2}]^{-1}, & x > y \end{cases}$$

当 $(x,y) = (1000,100)$ 时,$\mu \gg (x,y) = 0.5000$,

当 $(x,y) = (20,18)$ 时,$\mu \gg (x,y) = 0.0385$。

例 5.2 医学上常用体重(公斤) = 身高(厘米) -100,

描述标准体重,这实际上给出了身高(论域为 U)与体重(论域为 V)的普通关系。若 $U = \{140,150,160,170,180\}$,$V = \{40,50,60,70,80\}$,则普通关系由表 5.1 给出。

C	V	40	50	60	70	80
U						
140		1	0	0	0	0
150		0	1	0	0	0
160		0	0	1	0	0
170		0	0	0	1	0
180		0	0	0	0	1

它的关系矩阵是个布尔矩阵(即,矩阵元素为 1 或 0)。

$$\begin{pmatrix} 1 & 0 & 0 & 0 & 0 \\ 0 & 1 & 0 & 0 & 0 \\ 0 & 0 & 1 & 0 & 0 \\ 0 & 0 & 0 & 1 & 0 \\ 0 & 0 & 0 & 0 & 1 \end{pmatrix}$$

人有胖瘦不同,对于非标准情况(对应于值 0 值的位置),应该描述其接近标准的程度,这引出表 5.2 给出的模糊关系数。显然它更完整地描述了身高与体重的对应关系。

$\mu_R(N,V)$ \ n \ V	40	50	60	70	80
140	1	0.8	0.2	0.1	0
150	0.8	1	0.8	0.2	0.1
160	0.2	0.8	1	0.8	0.2
170	0.1	0.2	0.8	1	0.8
180	0	0.1	0.2	0.8	1

当 $(u,v)=(170,60)$ 时，$\mu_R(u,v)=0.8$，

当 $(u,v)=(180,50)$ 时，$\mu_3(u,v)=0.1$，

这说明身高 1.7 米与体重 60 公斤的关系强度为 0.8；身高 1.8 米与体重 50 公斤的关系强度为 0.1。

对于限论域 $U=\{u_1,u_2,\cdots\cdots,u_n\}$ 与 $V=\{v_1,v_2\cdots\cdots v_n\}$ 间的模糊关系 A 可用 n 行 m 列（简称 $n\times m$ 阶）的模糊矩阵 R 表示。

$$R=\begin{pmatrix} r_{11} & r_{12}\cdots\cdots r_1m \\ r_{21} & r_{22}\cdots\cdots r_2m \\ \cdots\cdots\cdots\cdots\cdots\cdots \\ r_{a1} & r_{a2}\cdots\cdots r_{am} \end{pmatrix}$$

其中 $r_{ij}=\mu_R(u_i V_i)$。$n\times m$ 阶模糊矩阵全体作成的集合记为 $M(n\times m)$。

例 13.3 没有一组学生 $U=\{$甲，乙，丙$\}$，他们可以选学 $V=\{$英，法，德，日$\}$ 中任意几门外语。他们的结业成绩如下表：

学生	语种	成绩
甲	英	86
甲	法	84
乙	德	96
丙	日	66
丙	英	78

若把他们的分数除以 100,则得 $U \times V$ 上的一个模糊关系 R

$\mu_R(N,V)$ n / V	英	法	德	日
甲	0.86	0.84	0	0
乙	0	0	0.96	0
丙	0.78	0	0	0.66

其矩阵形式为

$$R = \begin{pmatrix} 0.86 & 0.84 & 0 & 0 \\ 0 & 0 & 0.96 & 0 \\ 0.78 & 0 & 0 & 0.66 \end{pmatrix}$$

有限域上的模糊关系,除了可以用矩阵表示以外,还可以用关系图来表达。刚才的例子就可以用下面的关系图表达出来(图 5—5)。

例 13.4　设有二人对策,具有相同的策略集 $U = V$、{石头,剪刀,布},

如果甲胜记作 1,平局记作 0.5,甲负记作 0,于是

图 5—5

可得模糊关系 A

$\mu_R(u,V)$ 甲 乙	石头	剪刀	布
石头	0.5	1	0
剪刀	0	0.5	1
布	1	0	0.5

模糊矩阵为

$$R = \begin{pmatrix} 0.5 & 1 & 0 \\ 0 & 0.5 & 1 \\ 0 & 0 & 0.5 \end{pmatrix}$$

注意到,在这个例子中 $U = V$,故关系图可以简化(图 5－6)

由于模糊关系也是模糊集,故模糊关系的运算与模糊集的运算完全一样,也满足模糊集运算的八条性质。这里不再重复。

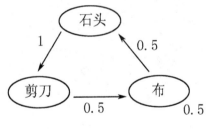

图 5－6

设 R 是 U 与 V 之间的一个模糊关系,任意取 $\lambda \in [0,1]$,R 的 λ 是 U 与 V 之间的一个普通关系,称为 λ 截关系,它满足:$uR\lambda v$ 当且仅当 $C_{R\lambda}(u,v) = 1$ 当且仅当 $\mu_R(u,v) \geqslant \lambda$。有关截集的性质完全适用于截关系。

当 U,V 为有限论域时,例如,

$U = \{u_1,u_2,\cdots\cdots u_n\}$,$V = \{v_1,v_2\cdots\cdots v_n\}$,$U$ 与 V 之间的模糊关系 R,可以用模糊矩阵 $R = (r_{ij})_{u\times m}$ 来表示。因此 $F(U\times V)$,即论 $U\times V$ 上模糊集合全体与 $M(n\times m)$,即 $n\times m$ 阶模糊矩阵全体,可看作一回事,这意味

着 $F(U \times V) = M(n \times m)$。显然,有关模糊关系的一切运算与性质,对于模糊矩阵也都成立,这里也不再重复。

设 R 是个 $n \times m$ 阶模糊矩阵,它既然也是模糊关系,自然也有截关系 $R\lambda$,称为 R 的 λ 截矩阵,记为

$$R\lambda = \begin{pmatrix} \lambda R_{11} & \lambda R_{12} \cdots\cdots \lambda R_{1m} \\ \lambda R_{21} & \lambda R_{12} \cdots\cdots \lambda R_{2m} \\ \cdots\cdots\cdots\cdots\cdots\cdots\cdots\cdots \\ \lambda R_{n1} & \lambda R_{n2} \cdots\cdots \lambda R_{nm} \end{pmatrix}$$

其中

$$\lambda R_{ij} = \begin{cases} 1, r_{ij} \geqslant \lambda \\ 0, r_{ij} < \lambda \end{cases}$$

例 5.5 设

$$R = \begin{pmatrix} 0.3 & 0.7 & 0.5 \\ 0.8 & 1 & 0 \\ 0 & 0.6 & 0.4 \end{pmatrix}$$

我们有

$$R_{0.3} = \begin{pmatrix} 1 & 1 & 1 \\ 1 & 1 & 0 \\ 0 & 1 & 1 \end{pmatrix}, \quad R_{0.4} = \begin{pmatrix} 0 & 1 & 1 \\ 1 & 1 & 0 \\ 0 & 1 & 1 \end{pmatrix},$$

$$R_{0.5} = \begin{pmatrix} 0 & 1 & 1 \\ 1 & 1 & 0 \\ 0 & 1 & 0 \end{pmatrix}, \quad R_{0.6} = \begin{pmatrix} 0 & 1 & 0 \\ 1 & 1 & 0 \\ 0 & 1 & 0 \end{pmatrix},$$

$$R_{0.7} = \begin{pmatrix} 0 & 1 & 0 \\ 1 & 1 & 0 \\ 0 & 0 & 0 \end{pmatrix}, \qquad R_{0.8} = \begin{pmatrix} 0 & 0 & 0 \\ 1 & 1 & 0 \\ 0 & 0 & 0 \end{pmatrix},$$

$$R_1 = \begin{pmatrix} 0 & 0 & 0 \\ 0 & 1 & 0 \\ 0 & 0 & 0 \end{pmatrix}, \qquad R_0 = \begin{pmatrix} 1 & 1 & 1 \\ 1 & 1 & 1 \\ 1 & 1 & 1 \end{pmatrix}。$$

例 5.6 设

$$R = \begin{pmatrix} 0.8 & 0.3 \\ 0.4 & 0.8 \end{pmatrix}, \qquad Q = \begin{pmatrix} 0.8 & 0.5 \\ 0.3 & 07 \end{pmatrix},$$

我们有

$$R \cup Q = \begin{pmatrix} 0.8 \vee 0.8 & 0.3 \vee 0.5 \\ 0.4 \vee 0.3 & 0.8 \vee 0.7 \end{pmatrix} = \begin{pmatrix} 0.8 & 0.5 \\ 0.3 & 0.7 \end{pmatrix},$$

$$R \cap Q = \begin{pmatrix} 0.8 \wedge 0.8 & 0.3 \wedge 0.5 \\ 0.4 \wedge 0.3 & 0.8 \wedge 0.7 \end{pmatrix} = \begin{pmatrix} 0.8 & 0.3 \\ 0.3 & 0.7 \end{pmatrix},$$

$$R^c = \begin{pmatrix} 1-0.8 & 1-0.3 \\ 1-0.4 & 1-0.8 \end{pmatrix} = \begin{pmatrix} 0.2 & 0.7 \\ 0.6 & 0.2 \end{pmatrix}。$$

下面考虑模糊关系的合成运算。

设 U 表示人群,关系 $Q \subset U \times U$ 表示兄弟兄关系,关系 $R \subset U \times U$ 表示父子关系,关系 $S \subset U \times U$ 表示叔侄关系。在这三个关系之间有如下的联系。

设 $u,w \in \bigcup, u$ 是 w 的叔叔(即 $(u,w) \in S$),当且仅当存在 $v \in \bigcup$ 使 V 是 u 的哥哥(即 $(u,v) \in Q$)且 v 是 w 的父亲(即 $U,W) \in R$)。

于是,可以认为叔侄关系是弟兄关系与父子关系的合成,记作

$$叔侄 = 弟兄 \cdot 父子(即 S = Q \cdot R)。$$

这显然是普通关系的合成,特别我们要注意它的特征函数形式,由此得到启发,可以定义模糊关系的合成运算:

设 U,V,W 是三个论域,Q 是 U 与 V 之间的模糊关系,R 是 V 与 W 之间的关系,S 是 U 与 W 之间的模糊关系。称 S 为 Q 与 R 的合成模糊关系,记作 $S = Q \circ R$,如果满足条件:对任何 $(u,w) \in \bigcup XW$,有

$$\mu_S(u,w) = \bigvee_{v \in V}(\mu_O(u,v) \wedge \mu_R(v,w)) \quad (13.1)$$

注 1　当 $U = V = W$ 时,若 R 是 U 上的模糊关系,则 R 与 R 也可以合成 $R \cdot R$,记作 $R^2 = R \circ R$。显然 R^2 还是 U 上的模糊关系,因此 R^2 与 R 还可以合成 $R^2 \circ R$,记作 R^3,即 $R^3 = R^2 \circ R_1$,一般地 $R^n \triangleq R^{n-1} \circ R$。

注 2　当 U,V,W 均为有限论域时:$U = \{u_1, u_2, \cdots u_u\}$,$V = \{V_1, V_2, \cdots V_m\}$,$W = \{W_1, W_2, \cdots W_1\}$,则 Q,R 以及 $S = Q \circ R$ 都是矩阵形式

$$Q = (\delta_i j)_{n \times m}, R = (r_j k)_{m \times e}, S = (s_i k)_{n \times e}, \text{其中}$$

$$S_i k = \bigvee_{j=1}^{m}(\delta_{ij} \wedge r_{ik}), i = 1, \cdots n; k = 1, \cdots n$$

S 称为模糊矩阵 Q 与 R 的乘积。

例 5.7 设

$$Q = \begin{pmatrix} 0.3 & 0.7 & 0.2 \\ 1 & 0 & 0.4 \\ 0.6 & 0.7 & 0.8 \end{pmatrix}, \qquad R = \begin{pmatrix} 0.1 & 0.9 \\ 0.9 & 0.1 \\ 0.6 & 0.4 \end{pmatrix}$$

则

$$S \triangleq Q \circ R = \begin{pmatrix} 0.7 & 0.3 \\ 0.4 & 0.9 \\ 0.6 & 0.4 \\ 0.7 & 0.6 \end{pmatrix}$$

其中

$$S_{11} = (\delta_{11} \wedge r_{11}) \vee (\delta_{12} \wedge r_{21}) \vee (\delta_{13} \wedge r_{31})$$
$$= (0.3 \wedge 0.1) \vee (0.7 \wedge 0.9) \vee (0.2 \wedge 0.6)$$
$$= 0.1 \vee 0.7 \vee 0.2$$
$$= 0.7,$$

其它的 S_{ij} 可类似地求出。

五、有趣的聚类图

设 R 是 U 上的模糊关系，如果满条件：

(1) 自反性　$\mu_R(u,u) = 1$；

(2) 对称性　$\mu_R(u,v) = \mu_R(v,u)$；

(3) 传递性　$R^2 \subset R$，即

$\underset{v \in v}{\vee} \left[\mu_R(u,v) \wedge \mu_R(v,w) \right] \leqslant \mu_R(u,w)$,

则称 R 为 U 上的模糊等价关系。

当 U 为有限论域时：$U = \{u_1, \cdots u_n\}$，U 上的模糊等价关系叫模糊等价矩阵。

显然 U 上的模糊等价关系 R 的 λ 截关系 $R\lambda$ 是 U 上的普通等价关系。

反之，U 上的一个模糊关系 R，如果它的任何 λ 截关系 $R\lambda$ 都是普通的等价关系，那么 R 就是模糊等价关系。

这样一来，一个模糊等价关系 R 的 λ 截关系决定一个分类，当然是论域 U 的分类。不难看出，当 $0 \leqslant \lambda \leqslant \leqslant 1$ 时，由 R_ξ 所分出的每一类必是由 R_λ 所分出的某一类的子集合（子类）。这意味着 λ 越小，由 $R\lambda$ 分的类越"粗"。

当 R 为模糊等价矩阵时，它的分类有明显的图形表示：随着 λ 从 1 下降至 0，分类由细变粗，逐步归并，形成一个动态的聚类图。

例 14.1　设 $U = \{u_1, u_2, u_3, u_4, u_5\}$，给定 U 上一个模糊等价关系（矩

阵）

$$R = \begin{pmatrix} 1 & 0.4 & 0.8 & 0.5 & 0.5 \\ 0.4 & 1 & 0.4 & 0.4 & 0.4 \\ 0.8 & 0.4 & 1 & 0.5 & 0.5 \\ 0.5 & 0.4 & 0.5 & 1 & 0.6 \\ 0.5 & 0.4 & 0.5 & 0.6 & 1 \end{pmatrix}$$

让 λ 从 1 变至 0，写出 $R\lambda$，再按 $R\lambda$ 分类，这里 u_1 与 u_i 归为一类是指 $\lambda r_{il} = 1$。

$$R_1 = \begin{pmatrix} 1 & 0 & 0 & 0 & 0 \\ 0 & 1 & 0 & 0 & 0 \\ 0 & 0 & 1 & 0 & 0 \\ 0 & 0 & 0 & 1 & 0 \\ 0 & 0 & 0 & 0 & 1 \end{pmatrix}$$

相应的分类为

$$\{u_1\}, \{u_2\}, \{u_3\}, \{u_4\}, \{u_5\},$$

它们"各自为政"互不"结盟"，分类最细。

$$R_{0.3} = \begin{pmatrix} 1 & 0 & 1 & 0 & 0 \\ 0 & 1 & 0 & 0 & 0 \\ 1 & 0 & 1 & 0 & 0 \\ 0 & 0 & 0 & 1 & 0 \\ 0 & 0 & 0 & 0 & 1 \end{pmatrix}$$

相应的分类为

$$\{u_1, u_3\}, \{u_2\}, \{u_4\}, \{u_5\}。$$

$$R_{0.5}\begin{bmatrix} 1 & 0 & 1 & 0 & 0 \\ 0 & 1 & 0 & 0 & 0 \\ 1 & 0 & 1 & 0 & 0 \\ 0 & 0 & 0 & 1 & 1 \\ 0 & 0 & 0 & 1 & 1 \end{bmatrix}$$

相应的分类为

$$\{u_1,u_3\},\{u_2\},\{u_4,u_5\}。$$

$$R_{0.5}\begin{bmatrix} 1 & 0 & 1 & 1 & 1 \\ 0 & 1 & 0 & 0 & 0 \\ 1 & 0 & 1 & 1 & 1 \\ 1 & 0 & 1 & 1 & 1 \\ 1 & 0 & 1 & 1 & 1 \end{bmatrix}$$

相应的分类为

$$\{u_1,u_2,u_4,u_5\},\{u_2\}。$$

$$R_{0.4}=\begin{bmatrix} 1 & 1 & 1 & 1 & 1 \\ 1 & 1 & 1 & 1 & 1 \\ 1 & 1 & 1 & 1 & 1 \\ 1 & 1 & 1 & 1 & 1 \\ 1 & 1 & 1 & 1 & 1 \end{bmatrix}$$

相应的分类为

$$\{u_1,u_2,u_3,u_4,u_5\},$$

即 U 本身为一类,这时分类最粗。

于是我们可以画出一个聚类图(见图 5—6)

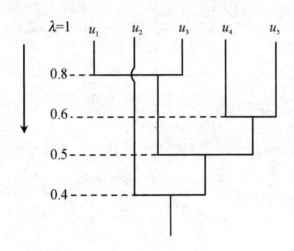

图 5 - 6　动态聚类图

六、从模糊相似矩阵到模糊等价矩阵

在实际问题中,得到的模糊关系,往往不是模糊等价关系,主要是不满足传递性:$R^2 \subset R$。只满足自反性和对称性的模糊产系称为模糊相似关系。

当论域 $U = \{u_1 \cdots\cdots u_n\}$ 时,U 上的模糊相似关系称为模糊相似矩阵。

设 $R = (r_{ij})_{n \times n}$ 为 U 上的模糊相似矩阵,自反性说明 $r_{ij} = 1, i = 1, \cdots, n$,对称性说明 $r_{ij} = r_{ij}, i = 1, \cdots n, j = 1, \cdots, n$。

例如

$$R = \begin{pmatrix} 1 & 0.2 & 0.5 \\ 0.2 & 1 & 0.7 \\ 0.5 & 0.7 & 1 \end{pmatrix}$$

就是模糊相似矩阵。

模糊相似矩阵元素 r_{ij} 表示 u_1 与 v_i 的相似程度。

说 $R = (r_{ij})_{n \times n}$ 为 n 阶模糊相似矩阵则有下列性质:

(1) 对任何自然数 k，R^k 仍是模糊相似矩阵。

(2) 存在一个自然数 $k \leqslant n$，使 R^k 成为一个模糊等价矩阵。

(3) $R \subset R^2 \subset R^3 \subset \cdots\cdots$。

(4) R 是模糊等价矩阵的充分必要条件是 $R^2 = R$。

这样，我们可采用下面的"平方法"把一个模糊相似矩阵改造为一个模糊等价矩阵，记为 R^*，R^* 称为 R 的传递闭包。

平方法：设 R 是 n 阶模糊相似矩阵，按下列步骤改造为 R^* i

(1) 求 $R^2 = RoR$；然后验证 R^2 是否满足条件；

$(R^2)^2 = R^2$。

若满足，则 $R^* = R^2$；否则进行下一步；

(2) 求 $R^4 = R^2 oR^2$ 然后验证 R^4 是否满足条件；

$(R^4)^2 = R^4$。

若满足，则 $R^* = 4$；否则进行下一步；

$\cdots\cdots\cdots\cdots$

如此下去，总有一个自然数 $k \leqslant n$，使 R 满足条件

$(R^k)^2 = R^k$。

最后取 $R^* = R^k$，它是 R 的传递闭包，即 R^* 是个模糊等价矩阵。

例 15.1 设

$$R = \begin{pmatrix} 1 & 0.2 & 0.5 \\ 0.2 & 1 & 0.7 \\ 0.5 & 0.7 & 1 \end{pmatrix}$$

（由于 $R^2 \neq R$，故 R 不是模糊等价矩阵）验证 $(R^2)^2 = R^2$ 是否满足。计算：

$$R^4 = (R^2)^2 = R^2 oR^2 = \begin{pmatrix} 1 & 0.5 & 0.5 \\ 0.5 & 1 & 0.7 \\ 0.5 & 0.7 & 1 \end{pmatrix}$$

可知 $(R^2)^2 = R^2$，因此 $R^* = R^2$。

第六章　数学中的危机

第一节　第一次数学危机

　　故事发生在公元前 5 世纪,那一日爱琴海上恶浪滔天,风雨中飘摇的木船上,一伙道貌岸然的年轻学者把他们的同学希帕索斯(Hippasus)身捆石头抛入了大海,制造了数学史上的一桩特大冤案,指挥这场凶案的正是这些年轻学者的老师,古希腊赫赫有名的大学问家毕达哥拉斯(Pythagoras,公元前 580～公元前 501 年),毕老夫子是当时希腊政治、科学和宗教的统治集团"友谊联盟"的领袖,该集团由 300 多位有社会地位、有学问的人士组成。当时是奴隶制社会,"友谊联盟"内部岂有友谊可言,一切以毕达哥拉斯的是非为是非,其他人必须服从,顺之者生,逆之者亡。在数学上,他们形成了影响深远的毕达哥拉斯学派,证明了勾股定理、三角形内角和为 180°等重要数学定理,首先提出黄金分割和正多边形与正多面体等精彩概念,对古代的数学发展做了巨大贡献。他们的旗帜上写着:"万物皆数"(也翻译成"数统治着宇宙"),他们说的"数"指的只是自然数或正分数。

　　公元前 470 年,毕达哥拉斯的学生希帕索斯请教老师如下的问题:

　　边长为 1 的正方形,对角线的长是多少?

事实上,按老师证明的勾股定理,对角线的长 l 应满足 $1^2+1^1=l^2$,即 l 应该是这样的一个自然数或正分数,它的平方等于 2。

但是,$1^2=1,2^2=4,3^2=9,\cdots$,所以 l 不是自然数,设 $l=\dfrac{p}{q}$,$\dfrac{p}{q}$ 是既约正分数,则应有

$$l^2=\frac{p^2}{q^2}=2,\quad p^2=2q^2 \qquad (6.1)$$

由 (5.1) 知 p 是偶数,令 $p=2k$,k 是自然数,则

$$4k^2=2q^2,\quad 2k^2=q^2 \qquad (6.2)$$

由 (5.2) 知 q 是偶数,从而 p 与 q 有公因数 2,与 $\dfrac{p}{q}$ 是既约分数相违。

正是上述这一问题和导致的矛盾激怒了权威毕达哥拉斯,更要命的是动摇了当时被尊为神圣真理的信念——数只有自然数和正有理数两种。希帕索斯提出对角线问题的挑战性和叛逆性,使得友谊联盟必置希帕索斯于死地,以捍卫他们关于数的既定信念。

正方形的对角线不能没有长度,这是任何人都承认的事实,正是这条直观具体的对角线的客观存在与毕达哥拉斯时代的数学观念之间发生了上述不可调和的矛盾和冲突,杀死一个希帕索斯问题仍然未得到解决!当时人们的思想水平受历史背景和科学水平的局限,几乎人人信奉毕达哥拉斯学派的关于宇宙万物皆自然数或分数的教条,这好似当初人们都相信托勒玫(Ptolemy)太阳绕地球转的地心学说一样,除了无知和对名人权威的盲目崇拜之外,也与大家不善于抽象思维和严格地逻辑推理,一切都诉诸粗糙的直观感觉有关。

数学史上称勾股定理在"万物皆数"(仅承认自然数和分数是数)的信仰统治下算不出正方形对角线的长这一数学困惑为第一次数学危机。

后来数学家把毕达哥拉斯学派所称的数为有理数,这在一定程度上照顾了这位在数学史上做出过大贡献的前辈的面子,也迎合了一般人的

心理和直觉。上面已严格证明边长为 1 的正方形之对角线的长不是有理数。称不是有理数的实数为无理数,希帕索斯是发现无理数的第一人。从"友谊联盟"的观点看,无理数是逻辑推理生出的一只怪蛋!再后来许多数学家对无理数的概念和理论做了大量的工作,给出了无理数的准确定义和性质,这件事一直干到 19 世纪才基本完工,代表人物有戴德金(Dedekind)、罗素(Russell)、康托尔(Cantor)和维尔斯特拉斯(Weierstrass)等人。

由于无理数的引入,排除了第一次数学危机,或者我们应当庆幸第一次数学危机来得早,使无理数这个数学中的主角之一早日登上了数学的舞台。我们应当为希帕索斯喊冤叫屈,佩服其造反精神,相传精明的希帕索斯身高 1.41 米,体重恰为 141 磅,他这些生理指标暗示他是 $\sqrt{2}$ 的化身,这些传说的真伪已无从考查,人们姑妄谈之,我们姑妄听之,但有一点丝毫不可姑妄,那就是科学精神绝非信仰,科学是批判的、疑问的、创造的、严谨的和求实的,科学工作中不容忍迷信和崇拜。

第二节 有理数与无理数的探索

一、平易近人的有理数

以正有理数来说,0 表示什么也没有或出发点,自然数列 1,2,3,…,表示从 1 开始一个一个地多起来;或者说从 0 开始,每个整数有唯一的一个"后继",这些都是我们日常数(例如清点教室里有几张桌子)物件时的自然概念;而分数,例如用来表示把一块饼平均切成 9 小块,取其中 4 小块的部分是多少,等等,可见有理数是可以看得到,容易理解的数量,所以当初数学上命名其为"有理"数。

如果把有理数用十进制(二进制等也是这样)表示,用有限个数字即可表达,例如 30^{30},1.5,0.1989,等等。它们能方便地用可视的有限数字精确地表示出来。

有理数集合中的数可以编号,谁是 1 号有理数,谁是 2 号有理数,等等。可以人为地加以指定,下面给出一种编号方案,我们把以 q 为分母的既约分数 $\frac{p}{q}$ 们($p>0$,$q>0$)排成下列无穷的方阵,每横行分母一致,分子从小到大排列,上面方阵中囊括了一切正有理数,再按箭头所示的次序来编号,1 编成 1 号,2 为 2 号,$\frac{p_{11}}{2}\left(=\frac{1}{2}\right)$ 是 3 号,等等。于是每个正有理数都会迟早获得唯一的一个指定的号码。再把 0 编成 0 号,把这些号码皆乘以 2,把得到的新号码 $2k$(皆偶数)减 1 所得的奇数码赋予与带有 $2k$ 码的那个有理数相反的数,例如 $\frac{1}{2}$ 的号码是 $2\times3=6$,$6-1=5$ 则是 $-\frac{1}{2}$ 的号码,如此,全体有理数皆编了序号 $0,1,2,\cdots$ 与全体无理数相比(下面要细讲无理数不可编号),有理数全体的这种可以有序化或曰"可数性"是有理数名符其实的一个"有理"的表现。

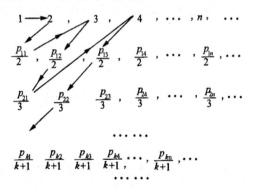

二、神出鬼没的无理数

无理数也有无穷多个,例如:

$$0.112123\cdots\underbrace{123\cdots k}_{k\text{个相异数}}\cdots \qquad (6.3)$$

是一个无理数 α，它无限又不循环。若把 (6.3) 中的数字 1 全擦掉则得 α_2，α_2 也是无理数，把 α_2 中的数字 2 全擦掉，则得无理数 α_3，如此可以得出无穷个无理数，这部分无理数 $\alpha_2,\alpha_2,\cdots,\alpha_n,\cdots\cdots$ 与全体有理数可以一一对应，α_1 与 0 号有理数是一对儿，α_2 与 1 号有理数一对儿，$\cdots$，α_{k-1} 与 k 号有理数是一对，可见无理数的一部分已经和全体有理数一样多。

无理数集合中的元素不可编号。这只需证明 $(0,1]$ 中的实数不可编号。用反证法，若可以把 $(0,1]$ 中的实数编号成 $t_1,t_2,\cdots,t_n,\cdots$，其中

$$t_1 = 0.t_{11}t_{12}t_{13}\cdots$$
$$t_2 = 0.t_{21}t_{22}t_{23}\cdots$$
$$\cdots\cdots$$
$$t_n = 0.t_{n1}t_{n2}t_{n3}\cdots$$
$$\cdots\cdots$$

其中 $t_{ij}\in\{0,1,2,\cdots,9\}$，$i,j$ 是自然数，且每个 t_i 中的右端有无限个数字不是零。例如 0.5 则写成 $0.499\cdots9\cdots$。观察对角线上的数字列 $t_{11},t_{22},\cdots,t_{nn},\cdots$，取

$$a_i = \begin{cases} 2, & t_{ii}=1 \\ 1, & t_{ii}\neq 1 \end{cases}$$

则十进小数

$$a = 0.a_1a_2\cdots a_n\cdots \in (0,1]$$

且 $a\in\{t_1,t_2,\cdots,t_n,\cdots\}$，此与 $(0,1]$ 中的全集实为是 $\{t_1,t_2,\cdots,t_n,\cdots\}$ 矛盾，可见 $(0,1]$ 内的全体实数不可编号。

若 $(0,1]$ 中全体无理数可以编号为 $\beta_1,\beta_2,\cdots,\beta_n,\cdots$，又知 $(0,1]$ 中的全体有理数可以编号为 $\gamma_1,\gamma_2,\cdots,\gamma_n,\cdots$，考虑数列

$$\gamma_1,\beta_1,\gamma_2,\beta_2,\cdots,\gamma_k,\beta_k,\cdots \qquad (6.4)$$

则 $(0,1]$ 中的全体实数可按 (5.4) 的次序编码,与上述证明出的事实相违,至此知 $(0,1]$ 中的全体无理数进而实数集中的全体无理数不可编号。

无理数们的这种不可数性是它们的一种"无理"表现。从无理数不可数(编号)可知无理数比有理数多得多,通俗地说,有理数可以一个一个地数,而无理数则多得数不胜数。

三、有理数是米,无理数是汤

如果把实数轴(集)比喻成一锅黏稠的粥,则可数的有理数们是一粒粒离散的米粒,它们在数轴上处处稠密。事实上,若 γ_0 是一个实数,设 γ_0 是有理数,则 γ_0 的任意近旁,$\gamma_0 \pm \frac{1}{n}(n \geqslant 1, n \in N)$ 是两个有理数;若 γ_0 是无理数,则

$$\gamma_0 = \overline{\gamma_0} + 0.\overline{\beta_1}\overline{\beta_2}\cdots\overline{\beta_n}\cdots \qquad (6.5)$$

其中 $0.\overline{\beta_1}\overline{\beta_2}\cdots\overline{\beta_n}\cdots$ 是无理小数,$\overline{\gamma_0}$ 是有理数,于是

$$\gamma_0{}' = \overline{\gamma_0} + 0.\overline{\beta_1}\overline{\beta_2}\cdots\overline{\beta_n} \qquad (6.6)$$

是 γ_0 近旁的一个有理数,$|\gamma_0 - \gamma_0{}'| < \frac{1}{10^n}$。可见数轴上任一点的任意近旁都有有理数存在,即有理数处处稠密。类似地可知无理数在数轴上处处稠密。有理数们处处稠密地离散地浸泡在无理数的"汤"里。

第三节 问遍天堂地狱,谁人知晓 π 的真面貌

一提到 π,即圆的周长与其直径的比例常数,每个中华学子都会神采奕奕,脸上有光,π 的近似值是我国对世界数学最辉煌的贡献之一。中国古代数学家祖冲之、刘歆、蔡邕、张衡和刘徽等都对 π 做出过极为出色的

探索数学的奥秘 TANSUO SHUXUE DE AOMI

工作,尤以祖冲之为最佳。成书于公元前 1 世纪的我国数学名著《周髀算经》中已有"周 3 径 1"的记录,公元初年,东汉朝廷则明文规定用 π＝3 作为计算圆面积的标准,王莽年间刘歆(公元前 50～公元前 23 年)得出 π3.15466;东汉蔡邕曰"经八寸,周二尺五寸",得出 π＝3.125;张衡(公元78～139)得到

$$\pi=\frac{730}{232}\approx3.1466,\pi=\sqrt{10}\approx3.1622$$

三国时代魏国刘徽对《周髀算经》上的 π＝3 进行了批评,刘说:"学者踵古,3 其谬矣!"他不从俗崇古,创立了"割圆术"和"徽率",从圆内接正六边形出发,边数倍增至正 192 边形,得出

$$3.14\frac{64}{625}<\pi<3.14\frac{169}{625}$$

刘徽在割圆求 π 过程中已经悟出了极限的观点,他说:"割之弥细,所失弥少,以至于不可割,则与圆周合体无所失矣。"

祖冲之是今河北省易县人,生于公元 429 年的南北朝时期,于公元 500 年逝世。祖冲之出身书香门第,却不全盘接受保守的儒家思想,他崇尚自然科学,发明了"大明历",测出地球绕日的周期为 365.24281481 日,与现代所测值误差仅 50 秒,1500 多年前就得出如此之精确的结果,令世人惊叹!他还准确无误地预报过四次月食的时间和空间位置。他的数学名著《缀术》是我国历史上最优秀的数学教材,唐代朝廷规定《缀术》为学校的必修科目和招生命题的法定著作。祖冲之与其爱子祖暅巧妙计算了球体体积,且把他们父子的方法总结成下面的"祖暅定理":

夹在两平行平面间的两几何体被平行于这两平面的任意平面所截,若所得两截面相等,则两几何体等体积。

事实上,这一定理就是现代微积分中重积分的理论与方法的原型。1000 多年后,意大利人卡瓦雷利(Cavalieri,1598～1647)才发现了同样的定理。

祖冲之最值得我们称道的成就是他给出了 π 的"约率"

$\pi \approx \frac{22}{7} \approx 3.142857$ 和"密率" $\pi \approx \frac{355}{113} \approx 3.1415929$。

这在数学史称之为约率与密率,是公元 5 世纪的数学奇迹。国际上已把月球上的环形山命名为"祖冲之山",1977 年决定把 1964 年 11 月发现的小行星命名为"祖冲之星",祖冲之与日月同辉!

直到今日,数学界仍在对 π 进行研究与计算。

1914 年,印度大数学家拉马努金(Ramanujan)给出近似公式

$$22\pi^4 \approx 2143$$

不信你用计算器试试看,从此公式可以算出 π 的八位小数的准确值。

1989 年,东京大学的金田康正用计算机算出 π 的 53687 万位小数;美国人不服气,哥伦比亚大学的戴维·丘德诺夫斯基和格雷戈里·丘德诺夫斯基兄弟把 π 计算到第 1011196691 位。有消息说,在 1999 年曾经有人把 π 计算到 2000 多亿位小数。

我国桥梁专家茅以升老先生作为消遣,能背诵 π 的百位小数,真令人敬佩!

1761 年,兰伯特(Lambert)证明了 π 是无理数;1882 年,林德曼(Lindemann)证明了 π 是超越数;所谓超越数是指不是有理系数多项式的根的实数,否则称为代数数。

作者曾长时间通读中国科学技术大学数学图书馆里陈列的 π 的万位小数,给我们的印象是状似随机,找不出什么规律,这可能是它的超越性使然!有消息说在 π 的小数展开中已发现六个 9 连排的现象,即在 π 的小数中出现了

$\pi = 3.1415\cdots\underbrace{999999}_{6 个 9}\cdots$

但是,如果问:π 的小数部分是否有 10 个 9 连贯出现?估计这不是一个很容易回答的问题;如果再问:π 的小数部分是否有 100 个 9 连贯

出现？估计这肯定是一个很不易回答的问题。这种问题,包括把 9 换成其他数字的相似问题是要提出多少就可以提出多少的,每一个都非常之难!

从某种意义上来说,π 是一个永远不能认识清楚的数学妖怪,其他无理数,例如 $\sqrt{2}$,也有这种无理的怪脾气。这正是为克服第一次数学危机引入无理数付出的代价,人类不断地为自己制造难题和危机!

π 给我们摆了诸多难题,工程师们则根本不关心小数点第十位以后 π 的数字是几,似乎对 π 的纯理论研究没有什么用处,例如证明 π 的超越性纯属抽象的理论探讨。然而正如纽曼(James Newman)所云:"数学最抽象最无用的研究被人们发展了一段时间之后,常常被其他部门所俘获,成了解决问题的工具,我想这不是偶然的,就好像一个人戴了一顶高帽子去参加婚礼,后来在起火时发现它居然可以当水桶用。"利用 π 的超越性解决了三大几何问题之一的"化圆为方"问题,完全印证了纽曼的上述观点;所谓化圆为方问题是指:

用圆规和直尺作一个正方形,使其面积等于任意给定的圆的面积。

这个问题是以普罗他哥拉斯为首的诡辩学派于公元前 400 年左右提出的(另两个问题是用圆规直尺三等分角和倍立方问题)。1895 年,克莱茵(Kline)总结了前人 2000 多年的研究,给出了简明严格的证明,证明三大作图题只用圆规和直尺是不可能作出的。

事实上,若圆半径是 1,则面积为 π,于是我们需要用圆规直尺作出一个正方形,它的面积也是 π;设该正方形边长为 x,则 x 满足方程

$$x^2 = \pi$$

从而 $x = \sqrt{\pi}$。由初等几何我们已经知道,线段能用圆规直尺作出的充分必要条件是所求线段之长能用已知线段的加、减、乘、除和开平方五种运算算出;这里我们已知的线段仅为圆的半径,此半径之长为 1,1 经

$+-\times\div\sqrt{\ }$ 只能得出代数数,而 π 是超越数,$\sqrt{\pi}$ 也是超越数,所以由 1 经 $+-\times\div\sqrt{\ }$ 得不到 $\sqrt{\pi}$,即得不到欲求线段 x,故化圆为方问题无解!

我们在此领教了 π 为超越数这种貌似脱离应用的纯数学研究的成果,竟成了解决"化圆为方"这种千年难题的钥匙,显示了数学理论研究的价值和力量。

饮水思源,我们应该感谢挑起第一次数学危机的年轻有为的数学家希帕索斯,正是他死不悔改地向传统的思想禁锢进行的挑战和牺牲,接生了无理数,使得我们能看到建立在无理数理论上的诸如"化圆为方"这种超级难题的结论,而且无理数理论是数学分析、混沌等几乎所有现代数学的基石。

无理数调皮,无理数无理,无理数有用。

第四节　第二次数学危机

一、第二次数学危机概况

牛顿与莱布尼茨初创微积分时,有些基本概念和细节没来得及加以严格地定义和论证,微积分本来就是讨论无穷过程和极限过程的科学,与人们有史以来习惯了的初等数学有本质区别。从现代高等数学的教学经验来看,即使高等数学已经经过两三百年的改造与完备化,大学一年级的同学接受微积分的思想和概念仍然十分困难,对其中很多概念,例如导数概念,仍然存有类似拒绝和排斥的心理,更何况牛顿与莱布尼茨是破天荒第一次向世人表述微积分!

贝克莱(Berkely)是爱尔兰科克郡的地方主教(1734 年)、哲学家。他针对牛顿微积分中的一些不严格之处,发表了一本叫做《分析学家,或致一位不信神的数学家》(The Analyst，or a Discourse Addressed to an Infidel Mathematician，London，1734)，"分析学家"的主要矛头对着牛顿，"不信神的数学家"则攻击哈雷和莱布尼茨。当然，贝克莱的非难也得到了不少人的支持，其中不乏有名的数学家，例如法国著名数学家罗尔和荷兰数学家纽文斯。罗尔就说过："微积分是巧妙的谬论的汇集"，但是罗尔本人在微积分上也做出了许多工作，例如作为微分学基本定理的罗尔定理。贝克莱对牛顿的许多批评还是切中要害的。

下面引用牛顿的手稿《流数简论》中的话(引自《数学珍宝》。李文林主编，科学出版社，1998，276～278 页)，看看当初牛顿在他的微积分中是如何使用"瞬"这个概念而引起贝克莱们的诘难的。

牛顿写道：

设有二物体 A 与 B 同时分别从 a，b 两点以速度 p 与 q 移动，所描画的线段为 x 与 y，若 A，B 作非匀速运动，A 从 a 点移动到 c，速度为 p 的 A 在某一瞬描画出无限小线段 $cd = p \times o$，B 在相同时刻从 b 点移动至 g 点，在同一瞬内将描画线段 $gh = q \times o$(图 6-1)。

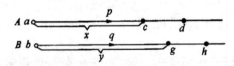

图 6-1

现设 x，y 之间的关系方程为

$$x^3 - abx + a^3 - dyy = 0 \qquad (6.7)$$

我们可用 $x + po$ 和 $y + qo$ 分别代替 x 与 y 代入(6.7) 得

$$x^3 + 3poxx + 3ppoox + p^3o^3 - dyy - 2dqoy$$
$$- dqqoo - abx - abpo + a^3 = 0 \qquad (6.8)$$

由(5.7) 得

$$3poxx + 3ppoox + p^3o^3 - 2dqoy - dqqoo - abpo = 0 \qquad (6.9)$$

由(5.9)除以 0 得

$$3px^2 + 3ppox + p^300 - 2dqy - dqq0 - abp = 0$$

其中含 o 的项为无限小,略之即得

$$3pxx - abp - 2dqy = 0 \qquad (6.10)$$

从现代微积分的观点来审视,(6.10)的结论是完全正确的,如果把 p 与 q 按牛顿当年的记号,分别写成 $\dot{x}$ 与 $\dot{y}$,则(6.10)变成

$$3x^2\dot{x} - ab\dot{x} - 2dy\dot{y} = 0$$

再引用当年莱布尼茨的记号 $\dot{x} = \dfrac{dx}{dt}, \dot{y} = \dfrac{dy}{dt}$,则得

$$3x^2\frac{dx}{dt} - ab\frac{dx}{dt} - 2dy\frac{dy}{dt} = 0,$$

为了不混淆,把(6.10)中的 d 写改写成 c,则得

$$3x^2 dx - abdx - 2cydy = 0$$

$$(3x^2 - ab)dx - 2cydy = 0$$

$$\frac{dy}{dx} = \frac{3x^2 - ab}{2cy}$$

(6.10)是现代常微分方程论中的一个一阶可分离变量的方程。可见微分方程,即含未知函数 $y(x)$ 与其导数(牛顿当时称为流数)的方程是牛顿创立微积分时同时产生的,微积分与微分方程是孪生姊妹,微分方程这一数学中心学科的首创权亦应归于牛顿名下。

下面则是贝克莱在《分析学家》一书中对牛顿的《流数简论》的批评。

贝大主教云:

"这种方法究竟是否清楚,是否没有矛盾且可以加以证明,或者相反,只是一种含糊的、令人反感的和靠不住的方法?我将以最公正的方式来提出这样的质疑,以便让你们,让每一位正直的读者做出自己的判断。"

贝克莱的这些质问的确事出有因,上面牛顿对瞬○没有数学定义,一会儿让它作除数,可见○不是零,一会儿把它忽略掉,又认为○为零,这里

边似有需要澄清的矛盾。

由于运用牛顿、莱布尼茨的微积分方法总能得出正确结论,所以牛－莱坚信微积分是科学,必须反击贝克莱的攻击,发动微积分保卫战,牛顿、莱布尼茨等人纷纷著文还击贝克莱,无奈由于不能建立严密牢靠的基础,对"瞬"、"流数"等关键词给不出令人不可置疑的定义,所以未能及时驳倒贝克莱,这就是震惊数学界的第二次数学危机。

当然,真理是在牛顿们手里,挑战者贝克莱与第一次数学危机的挑战者希帕索斯不一样,贝氏是出于保守和宗教的偏见行事的,而不是为数学真理而争而论,希帕索斯则是数学上敢于与保守的学说决裂,锐意进取,为创立新的思想体系死不悔改的革新派,是企图跳出传统框架的"异教徒"。

经过柯西(Cauchy)、欧拉(Euler)、波尔察诺(Bolzano)和外尔斯特拉斯(Weierstrass)等众多数学家的努力建设,修筑了微积分的坚实的基础,第二次数学危机才算彻底克服。

微积分的思想博大精深,例如无穷小和微商等,不仅牛顿、莱布尼茨时代,就是今日,也还是个值得细究的问题,它们究竟是实在的东西,还是一种观念,仍然可以讨论;事实上,一种数学概念,可能只是一种解决问题的手段或思维方法,这未必是唯心主义,数学当中莫非不能发明新技术或成为推理计算的艺术吗?

二、代牛顿圈改《流数简论》

1. 什么是瞬时速度

我们欲知一辆汽车上午 8 时的速度,司机告诉我们该车从 8 时到 9 时运行了 40 千米,这能断定 8 时的速度是每小时 40 千米吗?显然不敢如此武断。事实上,该车在 1 小时之内往往多次改变速度,甚至 8 时它还停在车站,速度为零。

瞬时速度是十分重要的,例如汽车肇事后交警关心的就是瞬时速度,即要调查该车出事时的即时速度,至于它在 1 小时内走了多远,并不是关心的事。

显然,如果测出 8 点零 1 秒时,汽车前行了 20 米,就说该汽车在 8 点的瞬时速度是每秒 20 米左右就可信多了,因为汽车的速度是连续变化的,在 1 秒的时间内它来不及有太大的变化,可以用平均速度每秒 20 米来代替 8 点钟时的瞬时速度,而且,时间间隔越小,用平均速度代替瞬速度时越可信。设路程随时间的函数关系是 $f(t)$,欲知 t_0 时刻的瞬时速度,考虑下一时刻 $t_1 = t_0 + \Delta t$,Δt 是从 t_0 到 t_1 的"一瞬间",则在从 t_0 到 t_1 的时间内的平均速为 $\dfrac{f(t_0 + \Delta t) - f(t_0)}{\Delta t}$,而且 Δt 越小,这种平均速度越与 t_0 时刻的真实的瞬时速度接近,简而言之,$\Delta t \to 0$ 时,则极限值

$$\lim_{\Delta t \to 0} \frac{f(t_0 + \Delta t) - f(t_0)}{\Delta t} \qquad (6.11)$$

就是 t_0 时刻的速度了。(5.13)式的极限如果存在,则记成

$$\dot{f}(t_0) \quad \lim_{\Delta t \to 0} \frac{f(t_0 + \Delta t) - f(t_0)}{\Delta t}$$

称 $\dot{f}(t_0)$ 为函数 $f(t)$ 在 $t = t_0$ 处的导数,也称其为微商,牛顿称之为"流数",莱布尼茨用符号 $\dfrac{df(t_0)}{dt}$ 来表示它。

2. 变速运动的路程

设一物体的速度 $v(t)$ 随时间连续变化,问从 t_0 时刻的路程是多少,记 $\Delta t = t_1 - t_0$,设 $t = t'$ 时速度最小,则 $v(t')\Delta t$ 比欲求的路程少,设 $t = t''$ 时的速度最小,则 $v(t'')\Delta t$ 比欲路程多,于是可以找到一个时刻 $t = \xi[t', t'']$,使得 $v(\xi)\Delta t$ 恰为所求之路程。

3. 牛顿《流数简论》中(5.11)式的推导

设 A 于 t_0 时刻到达 c 点,c 点的路程为 $x(t_0)$,t_1 时刻到达 d 点,d 点的

路程为 $x(t_1)$，令 $t_1 - t_0 = \Delta t$，

则

$$x(t_1) - x(t_0) = cd = p(\xi_1)\Delta t, \xi_1 \in [t_0, t_1]$$

同理有

$$y(t_1) - y(t_0) = gh = q(\xi_2))\Delta t, \xi_2 \in [t_0, t_1]$$

由于 $x^3(t) - abx(t) + a^3 - d'y^2(t) = 0$ 得

$$x^3(t_i) - abx(t_i) + a^3 - d'y^2(t_i) = 0, i = 0, 1$$

$$[x(t_0) + p(\xi_1)\Delta t]^3 - ab[x(t_0) + p(\xi_1)\Delta t] + a^3$$

$$- d'[y(t_0) + q(\xi_2)\Delta t]^2 = 0$$

$$3x^2(t_0)p(\xi_1)\Delta t + 3x(t_0)p^2(\xi_1)\Delta t^2 + p^3(\xi_1)\Delta t^3$$

$$- abp(\xi_1)\Delta t - 2d'y(t_0)q(\xi_2)\Delta t$$

$$- d'q^2(\xi_2)\Delta t^2 = 0$$

由于 $\Delta t \neq 0$，上式除以 Δ 得

$$3x^2(t_0)p(\xi_1) + 3x(t_0)p^2(\xi_1)\Delta t + p^3(\xi_1)\Delta t^2$$

$$- abp(\xi_1) - 2d'y(t_0)q(\xi_2) - d'q^2(\xi_2)\Delta t = 0, (5.14)$$

令 $\Delta t \to 0$，这时 $(\xi_1) \to t_0, \xi_2 \to t_0$，于是对 (5.14) 式取 $\lim\limits_{\Delta t \to 0}$ 得

$$3x^2(t_0)p(t_0) - abp(t_0) - 2d'y(t_0)q(t_0) = 0,$$

其中 $p(t_0) = x(t_0), q(t_0) = y(t_0)$，再由 t_0 的任意性得

$$3x^2(t)x(t) - abx(t) - 2d'y(t)y(t) = 0。$$

$$\frac{dy}{ax} = \frac{3x^2 - ab}{2d'y(t)} \qquad (6.15)$$

第五节　皮囊悖论

一、集合与皮囊悖论

1897 年,康托尔指出:"一个集合就是指我们察觉到的或在我们思维中的一些确定的、不同事物的总体;这些事物称为该集合的元素。"从此集合成了整个近代数学的基石,希尔伯特(Hilbert)对康托尔的集合论欢呼道:"康托尔的集合论为我们创立了数学上最广泛、最有力一个分支,一个没有人能把我们赶出去的天堂。"

仔细推敲上述关于集合的描述,我们察觉到,它不像一个严格的数学定义;事实上每个数学概念都要依赖于先于它而定义好的一些概念来定义,如果依此递推,追根溯源,必然有一批最简明最原始的概念,已经没有比它更原始的概念来定义它们,集合就是这种原始概念之一。这种朴素原始的集合概念产生,是在逻辑上惹是生非的根源之一。

按康托尔集合的概念,考虑26个英语字母组成的集合$\Omega \in \Omega$,即有的集合不是自己的元素,这是容易接受和容易理解的理角,若考虑由含 25 个以上的元素组成的集合为元素组成的集合 A,例发中 $\Omega \in A$;因为含 25 个以上元素的集合不止 25 个,所以 A 的元素个数也超过了 25 个,于是 $A \in A$。即按康托尔的观点,允许谈集合是自己的元素,存在 $A \in A$ 的现象,也有 $B \in B$ 的现象,其中 A, B 是某些集合。由此,我们可以提出如下的悖论:

皮囊悖论:一个透明封闭的不可穿透的皮囊,里面装了一些元素,于是构成了一个集合 A,按康托尔的观点,如果 $A \in A$,则表明这个装了固定的一些元素的皮囊又装在自己里面!

二、整体等于其半

康托尔(Cantor)，1845年生于俄国彼得堡，11岁迁居德国，1863年考入柏林大学，师从世界著名数学家维尔斯特拉斯，攻读数学，1867年获数学博士学位，1879年升任哈雷大学教授，集合论创始人。他的思想方法奇特而富于革命性，受同时代不少传统数学家的排挤，患精神分裂症，于1918年去世。康托尔在数学上创造极丰，科学家罗素称康托尔的业绩是"这个时代所能夸耀的最巨大的工作"。下面我们欣赏他的几个脍炙人口的重要成果。

数学奇人康托尔第一个提出并解答了自然数多还是正偶数多的问题。19世纪的数学家们觉得显然是自然数多，认为偶数与奇数各占自然数之半。康托尔一语惊人，他回答说，自然数与自然数集合中的偶数一样多！康托尔独创了"势"这一重要数学概念，你看两个集合{1,3,5}与{2,4,6}，把它们两方的元素"配对儿"成三家：(1,2)，(3,4)，(5,6)，即这两个集合元素间能一一对应，恰反映了这两个集合元素个数一样多。于是对于不论有限集合还是无穷集合，当且仅当两者元素间能一一对应者，则称两者的"势"相等，或称两者元素一样多。可见自然数与其真子集——全体正偶数的个数一致；事实上，双方可以如下配对(图6-2)。

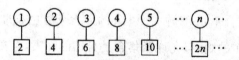

图6-2

在有限集合中，真子集元素个数当然地要比原来集合的元素个数少，这正是"全体大于部分"的欧几里得第五公理，这已是几千年来人们根深蒂固的传统观念。自从康托尔捅了无穷集合这个马蜂窝，竟敢谈"整体等于其半"的不可理喻的事，一时间引起包括克罗内克(Kronecker)和庞加

莱(Poincare)等权威数学家的猛烈反对,但康托尔却终身不渝地捍卫着自己的学说。

三、神秘的康托尔尘集

把$[0,1]$区间三等分,弃中间的子区间$(\frac{1}{3},\frac{2}{3})$,对于剩下的两个子区间再分别三等分弃中间的开区间,如此反复进行"弃中"操作,我们计算一下最后剩下的部分总计有多长,丢弃的部分总计有多长? 设丢弃部分总长度为1,则

$$1 = \frac{1}{3} + \frac{2}{3^2} + \frac{2^2}{3^3} + \cdots \frac{2^{n-1}}{3^n} + \cdots$$

$$= \frac{1}{3}[1 + \frac{2}{3} + (\frac{2}{3})^2 + \cdots + (\frac{2}{3})^{n-1} + \cdots]$$

$$= \frac{1}{3}(\frac{1}{1-\frac{2}{3}}) = 1$$

即丢弃部分之总长就是$[0,1]$区间的全长! 剩下的点们占有的总长度为零,显然剩下的点是无穷多的,但由于这些残留的点占有的总长度为零,它们像尘埃似的散落在$[0,1]$区间上,所以称其为 Cantor 尘集。

下面我们"统计"一下这个尘集中的点有多少? 为此,我们从十进制、二进制和三进制小数的表示法谈起。

众所周知,一个小数 $a \in [0,1]$ 可以表成十进制形式

$$a = 0.a_1 a_2 \cdots a_n \cdots$$

$$= a_1 \frac{1}{10} + a_2 \frac{1}{10^2} + \cdots + a_n \frac{1}{10^n} + \cdots$$

其中 $a_i \in \{0,1,2,\cdots,9\}$,$i = 1,2,\cdots$

同理 a 可表成二进制形式

$$a = 0.\beta_1 \frac{1}{2} + \beta_2 \frac{1}{2^2} + \cdots \beta_n \frac{1}{2^n} + \cdots$$

其中 $\beta_i \in \{0,1\}, i = 1, 2, \cdots$

a 可表成三进制形式

$$a = 0_{\circ} \gamma_1 \gamma_2 \cdots \gamma_n \cdots$$

$$= \gamma_1 \frac{1}{3} + \gamma_2 \frac{1}{3^2} + \cdots + \gamma_n \frac{1}{3^n} + \cdots$$

其中 $\gamma_i = \{0,1,2\}, i = 1, 2, \cdots$

例如造 Cantor 尘集时,第一次丢弃的区间在三进制之下为

$$\left(\frac{1}{3}, \frac{2}{3}\right) = (0.1, 0.2)$$

第二次丢弃的两个区间在三进制中为

$$\left(\frac{1}{9}, \frac{2}{9}\right) = (0.01, 0.02)$$

$$\left(\frac{7}{9}, \frac{8}{9}\right) = \left(\frac{2}{3} + \frac{1}{9}, \frac{2}{3} + \frac{2}{9}\right)$$

$$= (0.21, 0.22)$$

不难证实,第 n 次丢弃的区间在三进制中为

$$(0_{\circ} \gamma_1 \gamma_2 \cdots \gamma_n - 11, 0_{\circ} \gamma_1 \gamma_2 \cdots \gamma_{n-1} 2)$$

其中 $\gamma_i \in \{0,2\}, i = 1, 2, \cdots, n-1$。说明在丢弃的开区间每点是形如 $0_{\circ}$ $\gamma_1 \gamma_2 \cdots \gamma_{n-1} 1 \gamma_{n+1} \cdots$ 的三进制小数。

考虑集合

$$X = \{x \mid x = \gamma_1 \frac{1}{3} + \gamma_2 \frac{1}{3^2} + \cdots + \gamma_n \frac{1}{3^n} + \cdots, \gamma_i \in \{0,2\}, i = 1, 2 \cdots\}$$

显然 $X \subset [0,1]$,令 Y 是造 Cantor 尘集时丢弃的区间中的点构成的集合,则 $X \cap Y = \varnothing$,所以 X 是 Cantor 尘集之子集。

若对于 $[0,1]$ 中每个点 a,用二进制表达时

$$a = a_1 \frac{1}{2} + a_2 \frac{1}{2^2} + \cdots + a_n \frac{1}{2^n} + \cdots, a_i \in \{0,1\}$$

则可以写出一个三进制下的数 b 与对应

$$b = 2a_1\frac{1}{3} + 2a_2\frac{1}{3^2} + \cdots + 2a_n\frac{1}{3^n} + \cdots \in [0,1]$$

$$= b_1\frac{1}{3} + b_2\frac{1}{3^2} + b_n\frac{1}{3^n} + \cdots$$

其中 $b_i \in \{0,2\}, i = 1,2\cdots$

反之,任给一个 3 进制小数

$$b = b_1\frac{1}{3} + b_2\frac{1}{3^2} + \cdots + b_n\frac{1}{3^n}\cdots$$

其中 $b_i \in \{0,2\}$,则可写出一个 2 进制小数

$$a = a_1\frac{1}{2} + a_2\frac{1}{2^2} + \cdots + a_n\frac{1}{2^n} + \cdots$$

与之对应,其中 $a_i = \frac{1}{2}b_i, i = 1,2,\cdots$

可见 X 与 $[0,1]$ 中的点一一对应,即 X 中的点与 $[0,1]$ 中的实数一样多,而 X 是 Cantor 尘集的子集,所以 Cantor 尘集中的点也不比 $[0,1]$ 中的实数的"个数"少,于是只能是 Cantor 集的元素个数(即势)与 $[0,1]$ 中的实数个数一致。

与我们的习惯思维似有矛盾:把 $[0,1]$ 区间挖的千疮百孔,丢弃的总长度和 $[0,1]$ 区间一样长,残余的点们占有的总长度仅为 $0,0$ 就是没有呀! 但是,这些残余的个数竟和 $[0,1]$ 上全体点一样多,几乎全部区间都扔掉了,但论点的多寡,似乎像没有丢掉一样多。

由此例可见康托尔此人思维之深邃,也使我们领会到,切不可把有限范围内的思维定势移植到无穷范围去照旧看待世界,无穷范围内是神出鬼没的事都可能发生的!

数学上,把与自然数集合 N 等势(即可以一一对应)的集合的"势"记成 a,把与 $[0,1]$ 等势的集合的势记成 c,康托尔把"势"又称"浓度"或"基数",有限集合的基数就是其元素的个数,例如 $\{1,2,3\}$ 的基数是 3;但对无穷集合的基数,例如 a 或 c,就不是是自然数了,康托尔把无穷集的基数

叫做"超限基数"。

显然 $a < c$，一个尖锐的问题是：

（＊）存在集合 X，使得 $a < b < c$ 吗？（＊）其中 b 是 X 的基数。

这里所谓势的大小是指：两集可一一对应时，说两者等势；两集不能一一对应时，若甲势的大小是指：两集可一一对应时，说两者等势；两集不能一一对应时，若甲集与乙集的子集一一对应，则称甲的势比乙的势小。

（＊）是现代数学当中十分之困难的一个问题，几乎难令人绝望的程度，数学家称其为"连续统假设"感觉到这种集合 X 不存在，又无力证实，故称为"假设"。

第六节　理发师悖论与第三次数学危机

1919 年，科学家罗素提出如下的理发师悖论：

"村子里仅一名理发师，且村子里的男人都需要刮胡子，理发师约定：给且只给自己不给自己刮胡子的人刮胡子。"

有好事者问理发师："理发师先生，你自己的胡子谁来刮？"

理发师无言以对。因为如果理发师说"我自己的胡子自己刮"，那么根据他与大家的约定，理发师不能给自己刮胡子，即这时他不该给自己刮胡子；如果理发师说"我的胡子不自己刮"，那么根据他与大家的约定，理发师应给自己刮胡子。可见理发师怎么回答也不行！

上述理发悖论可以稍微数学化地来表述，设集合

B＝｛自己刮胡子的人｝

若理发师∈B，即理发师是自己刮胡子的人，但由"约定"，他不该给理发师刮胡子，即理发师∈B，矛盾！若理发师∈B，即理发师不自己刮胡子，由"约定"，他应给自己刮胡子，即理发师∈B，矛盾！

罗素进一步把上述理发师悖论变成下面的一个数学悖论，称为罗素

悖论：

"设 $B = \{$集合 $A \mid A \in A\}$,问 $B \in B$ 还是 $B \in / B$?"

显然 $B \neq \varnothing$;若 $B \in B$,由 B 的定义,B 是 B 中的一元素时,B 应有性质 $B \notin B$,矛盾!于是这里发生了无论如何摆脱不了矛盾的荒唐局面!

在罗素表述悖论时,字字句句都未违反康托尔朴素集合论的观点,为什么出现了自相矛盾的事呢?要是允许写 $B \in B$,即谈某些集合自己是自己的元素,亦即允许我们前面提出的"皮囊悖论"的存在;为了排除罗素悖论,保卫已建成的数学大厦,数学家策墨罗(Cermelo)、弗兰克尔(Freenkel)等抛出一套所谓公理集合公理系统,按他们的公理规定,禁谈 $B \in B$,从而解除了第三次数学危机。

第三次数学危机出现的前夕,数学界一派升平乐观气氛,1900 年,庞加莱在第二次国际数学家大会上自信而兴奋地宣称:"我们可以说,现在的数学已达到了绝对的严格。"过不了几年,罗素悖论犹如晴天霹雳,使数学界一片哗然,希尔伯特惊呼:"在数学这个号称可靠性与真理性的模范里,每个人所学、所教、所用的概念及结构和推理方法,竟导出不合理结果;如果数学思考也失灵的话,那么我们到哪里去找可靠性和真理性呢?"

第一次、第二次和第三次数学危机的出现和排除使数学家们对数学的认识更为清醒了,人们有了思想准备,也许还有第四次、第五次数学危机乃至第 n 次($n \geqslant 3$);但可以相信,人类有能力排除任何数学危机,而且,每次数学危机爆发之日,就是新的数学概念、新的数学理论孕育之时,随着危机的排除,数学则会得到划时代的进展与突破。

第七章　数学中七个"千年大奖问题"

　　20 世纪是数学大发展的一个世纪。数学的许多重大难题得到完满解决,如费马大定理的证明,有限单群分类工作的完成等,从而使数学的基本理论得到空前发展。

　　计算机的出现是 20 世纪数学发展的重大成就,同时极大推动了数学理论的深化和数学在社会和生产力第一线的直接应用。回首 20 世纪数学的发展,数学家们深切感谢 20 世纪最伟大的数学大师大卫·希尔伯特。希尔伯特在 1900 年 8 月 8 日于巴黎召开的第二届世界数学家大会上的著名演讲中提出了 23 个数学难题。希尔伯特问题在过去百年中激发数学家的智慧,指引数学前进的方向,其对数学发展的影响和推动是巨大的,无法估量的。

　　效法希尔伯特,许多当代世界著名的数学家在过去几年中整理和提出新的数学难题,希冀为新世纪数学的发展指明方向。这些数学家知名度是高的,但他们的这项行动并没有引起世界数学界的共同关注。

　　2000 年初美国克雷数学研究所的科学顾问委员会选定了 7 个"千年大奖问题",克雷数学研究所的董事会决定建立 700 万美元的大奖基金,每个"千年大奖问题"的解决都可获得百万美元的奖励。克雷数学研究所"千年大奖问题"的选定,其目的不是为了形成新世纪数学发展的新方向,而是集中在对数学发展具有中心意义、数学家们梦寐以求而期待解决的重大难题。

第一节　NP 完全问题

NP 完全问题是数学 7 个"千年大奖问题"之一。

NP 完全问题排在百万美元大奖的首位,足见它的显赫地位和无穷魅力。

数学上著名的 NP 问题,完整的叫法是 NP 完全问题,也即"NP COMPLETE"问题,简单的写法,是 NP＝P? 的问题。问题就在这个问号上,到底是 NP 等于 P,还是 NP 不等于 P。证明其中之一,便可以拿百万美元大奖。

这个奖还没有人拿到,也就是说,NP 问题到底是 Polynomial(多项式的),还是 Non－Polynomial,尚无定论。

NP 里面的 N,不是 Non－Polynomial 的 N,是 Non－Deterministic(意思是非确定性的),P 代表 Polynomial 倒是对的。NP 就是 Non－deterministic Polynomial 的问题,也即是多项式复杂程度的非确定性问题。

什么是非确定性问题呢? 有些计算问题是确定性的,比如加减乘除之类,你只要按照公式推导,按部就班一步步来,就可以得到结果。但是,有些问题是无法按部就班直接地计算出来。比如,找大质数的问题。有没有一个公式,你一套公式,就可以一步步推算出来,下一个质数应该是多少呢? 这样的公式是没有的。再比如,大的合数分解质因数的问题,有没有一个公式,把合数代进去,就直接可以算出,它的因子各自是多少? 也没有这样的公式。

这种问题的答案,是无法直接计算得到的,只能通过间接的"猜算"来得到结果。这也就是非确定性问题。而这些问题的通常有个算法,它不能直接告诉你答案是什么,但可以告诉你,某个可能的结果是正确的答案还是错误的。这个可以告诉你"猜算"的答案正确与否的算法,假如可以在多项式时间内算出来,就叫做多项式非确定性问题。而如果这个问题的所有可能答案,都是可以在多项式时间内进行正确与否的验算的话,就叫完全多项式非确定问题。

完全多项式非确定性问题可以用穷举法得到答案,一个个检验下去,最终便能得到结果。但是这样算法的复杂程度,是指数关系,因此计算的时间随问题的复杂程度成指数的增长,很快便变得不可计算了。

人们发现,所有的完全多项式非确定性问题,都可以转换为一类叫做满足性问题的逻辑运算问题。既然这类问题的所有可能答案,都可以在多项式时间内计算,人们于是就猜想,是否这类问题,存在一个确定性算法,可以在指数时间内,直接算出或是搜寻出正确的答案呢?这就是著名的 NP=P? 的猜想。

解决这个猜想,无非两种可能,一种是找到一个这样的算法,只要针对某个特定 NP 完全问题找到一个算法,所有这类问题都可以迎刃而解了,因为他们可以转化为同一个问题。另外的一种可能,就是这样的算法是不存在的。那么就要从数学理论上证明它为什么不存在。

前段时间轰动世界的一个数学成果,是几个印度人提出了一个新算法,可以在多项式时间内,证明某个数是或者不是质数,而在这之前,人们认为质数的证明,是个非多项式问题。可见,有些看来好象是非多项式的问题,其实是多项式问题,只是人们一时还不知道它的多项式解而已。

如果判定问题 $\pi \in NP$,并且对所有其他判定问题 $\pi \in NP$,都有 π' 多项式变换到 π(记为 $\pi' \infty \pi$),则称判定问题 π 是 NP 完全的。

对 P 类,NP 类及 NP 完全问题的研究推动了计算复杂性理论的发展,产生了许多新概念,提出了许多新方法。但是还有许多难题至今没有解决,P=NP? 就是其中之一。许多学者猜想 P≠NP,但无法证明。

第二节　霍奇猜想

在非奇异复射影代数簇上,任一霍奇类是代数闭链类的有理线性组合。

在 20 世纪,数学家们发现了研究复杂对象的形状的强有力的办法。基本想法是问在怎样的程度上,我们可以把给定对象的形状通过把维数不断增加的简单几何营造块粘合在一起来形成。这种技巧是变得如此有用,使得它可以用许多不同的方式来推广;最终导致一些强有力的工具,使数学家在对他们研究中所遇到的形形色色的对象进行分类时取得巨大的进展。不幸的是,在这一推广中,程序的几何出发点变得模糊起来。在某种意义下,必须加上某些没有任何几何解释的部件。霍奇猜想断言,对于所谓射影代数簇这种特别完美的空间类型来说,称作霍奇闭链的部件实际上是称作代数闭链的几何部件的(有理线性)组合。

黎曼假设、庞加莱猜想、霍奇猜想、贝赫和斯维讷通-戴尔猜想、纳维-斯托克斯方程、杨-米尔斯理论。NP 完全问题被称为 21 世纪 7 大数学难题。2000 年 5 月,美国的克雷数学研究所为每道题悬赏百万美元求解。

第三节　庞加莱猜想

一、令人头疼的世纪难题

如果我们伸缩围绕一个苹果表面的橡皮带,那么我们可以既不扯断它,也不让它离开表面,使它慢慢移动收缩为一个点。另一方面,如果我们想象同样的橡皮带以适当的方向被伸缩在一个轮胎面上,那么不扯断橡皮带或者轮胎面,是没有办法把它收缩到一点的。我们说,苹果表面是"单连通的",而轮胎面不是。大约在 100 年以前,庞加莱已经知道,二维球面本质上可由单连通性来刻画,他提出三维球面(四维空间中与原点有单位距离的点的全体)的对应问题。这个问题立即变得无比困难,从那时起,数学家们就在为此奋斗。

一位数学史家曾经如此形容 1854 年出生的亨利·庞加莱:"有些人仿佛生下来就是为了证明天才的存在似的,每次看到亨利,我就会听见这个恼人的声音在我耳边响起。"庞加莱作为数学家的伟大,并不完全在于他解决了多少问题,而在于他曾经提出过许多具有开创意义、奠基性的大问题。庞加莱猜想,就是其中的一个。

1904 年,庞加莱在一篇论文中提出了一个看似很简单的拓扑学的猜想:在一个三维空间中,假如每一条封闭的曲线都能收缩到一点,那么这个空间一定是一个三维的圆球。但 1905 年发现提法中有错误,并对之进行了修改,被推广为:"任何与 n 维球面同伦的 n 维封闭流形必定同胚于 n 维球面。"后来,这个猜想被推广至三维以上空间,被称为"高维庞加莱猜想"。

如果你认为这个说法太抽象的话,我们不妨做这样一个想象:

我们想象这样一个房子,这个空间是一个球。或者,想象一只巨大的足球,里面充满了气,我们钻到里面看,这就是一个球形的房子。

我们不妨假设这个球形的房子墙壁是用钢做的,非常结实,没有窗户没有门,我们现在在这样的球形房子里。拿一个气球来,带到这个球形的房子里。随便什么气球都可以(其实对这个气球是有要求的)。这个气球并不是瘪的,而是已经吹成某一个形状,什么形状都可以(对形状也有一定要求)。但是这个气球,我们还可以继续吹大它,而且假设气球的皮特别结实,肯定不会被吹破。还要假设,这个气球的皮是无限薄的。

好,现在我们继续吹大这个气球,一直吹。吹到最后会怎么样呢?根据庞加莱猜想,吹到最后,一定是汽球表面和整个球形房子的墙壁表面紧紧地贴住,中间没有缝隙。

我们还可以换一种方法想想:如果我们伸缩围绕一个苹果表面的橡皮带,那么我们可以既不扯断它,也不让它离开表面,使它慢慢移动收缩为一个点。

另一方面,如果我们想象同样的橡皮带以适当的方向被伸缩在一个轮胎面上,那么不扯断橡皮带或者轮胎面,是没有办法把它收缩到一点的。

为什么?因为,苹果表面是"单连通的",而轮胎面不是。

看起来这是不是很容易想清楚?但数学可不是"随便想想"就能证明一个猜想的,这需要严密的数学推理和逻辑推理。一个多世纪以来,无数的科学家为了证明它,绞尽脑汁甚至倾其一生还是无果而终。

二、艰难的证明之路

2000 年 5 月 24 日,美国克雷数学研究所的科学顾问委员会把庞加莱猜想列为七个"千禧难题"(又称世界七大数学难题)之一,这七道问题被研究所认为是"重要的经典问题,经许多年仍未解决。"

提出这个猜想后,庞加莱一度认为自己已经证明了它。但没过多久,证明中的错误就被暴露了出来。于是,拓扑学家们开始了证明它的努力。

1. 早期的证明

20 世纪 30 年代以前,庞加莱猜想的研究只有零星几项。但突然,英国数学家怀特海(Whitehead)对这个问题产生了浓厚兴趣。他一度声称自己完成了证明,但不久就撤回了论文,失之桑榆、收之东隅,因为在这个过程中,他发现了三维流形的一些有趣的特例,而这些特例,现在被统称

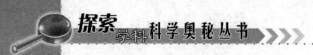

为怀特海流形。

20世纪30～60年代，又有一些著名的数学家宣称自己解决了庞加莱猜想，著名的宾（Bing）、哈肯（Haken）、莫伊泽（Moise）和帕帕奇拉克普罗斯（Papa-kyriakopoulos）均在其中。

帕帕奇拉克普罗斯是1964年的维布伦奖得主，一名希腊数学家。因为他的名字超长超难念，大家都称呼他"帕帕"（Papa）。在1948年以前，帕帕一直与数学圈保持一定的距离，直到被美国普林斯顿大学邀请做客。帕帕以证明了著名的"迪恩引理"（Dehn's Lemma）而闻名于世，喜好舞文弄墨的数学家约翰·米尔诺（John Milnor）曾经为此写下一段打油诗："无情无义的迪恩引理/每一个拓扑学家的天敌/直到帕帕奇拉克普罗斯/居然证明得毫不费力。"

然而，这位聪明的希腊拓扑学家，却最终倒在了庞加莱猜想的证明上。在普林斯顿大学流传着一个故事：直到1976年去世前，帕帕仍在试图证明庞加莱猜想，临终之时，他把一叠厚厚的手稿交给了一位数学家朋友，然而，只是翻了几页，那位数学家就发现了错误，但为了让帕帕安静地离去，最后选择了隐忍不言。

2. 柳暗花明的突破

这一时期拓扑学家对庞加莱猜想的研究，虽然没能产生他们所期待的结果，但是，却因此发展出了低维拓扑学这门学科。

一次又一次尝试的失败，使得庞加莱猜想成为出了名难证的数学问题之一。然而，因为它是几何拓扑研究的基础，数学家们又不能将其撂在一旁。这时，事情出现了转机。

1966年菲尔茨奖得主斯梅尔（Smale），在20世纪60年代初想到了一个天才的主意：如果三维的庞加莱猜想难以解决，高维的会不会容易些呢？1960年到1961年，在里约热内卢的海滨，经常可以看到一个人，手持草稿纸和铅笔，对着大海思考。他，就是斯梅尔。1961年的夏天，在基辅的非线性振动会议上,斯梅尔公布了自己对庞加莱猜想的五维空间和五维以上的证明,立时引起轰动。

10多年之后的1983年,美国数学家福里德曼(Freedman)将证明又向前推动了一步。在唐纳森工作的基础上,他证出了四维空间中的庞加莱猜想,并因此获得菲尔茨奖。但是,再向前推进的工作,又停滞了。

拓扑学的方法研究三维庞加莱猜想没有进展,有人开始想到了其他的工具。瑟斯顿(Thruston)就是其中之一。他引入了几何结构的方法对三维流形进行切割,并因此获得了1983年的菲尔茨奖。

"就像费马大定理,当谷山志村猜想被证明后,尽管人们还看不到具体的前景,但所有的人心中都有数了。因为,一个可以解决问题的工具出现了。"清华大学数学系主任文志英说。

3. 最后的决战

然而,庞加莱猜想,依然没有得到证明。人们在期待一个新的工具的出现。可是,解决庞加莱猜想的工具在哪里?

汉密尔顿,生于1943年,比丘成桐大6岁。虽然在开玩笑的时候,丘成桐会戏谑地称这位有30多年交情、喜欢冲浪、旅游和交女朋友的老友"Playboy",但提起他的数学成就,却只有称赞和惺惺相惜。

1972年,丘成桐和李伟光合作,发展出了一套用非线性微分方程的方法研究几何结构的理论。丘成桐用这种方法证明了卡拉比猜想,并因此获得菲尔茨奖。1979年,在康奈尔大学的一个讨论班上,当时是斯坦福大学数学系教授的丘成桐见到了汉密尔顿。"那时候,汉密尔顿刚刚在做Ricci流,别人都不晓得,跟我说起。我觉得这个东西不太容易做。没想到,1980年,他就做出了第一个重要的结果。"丘成桐说,"于是我跟他讲,可以用这个结果来证明庞加莱猜想,以及三维空间的大问题。"

Ricci 流是以意大利数学家里奇（Gregorio Ricci）命名的一个方程。用它可以完成一系列的拓扑手术，构造几何结构，把不规则的流形变成规则的流形，从而解决三维的庞加莱猜想。看到这个方程的重要性后，丘成桐立即让跟随自己的几个学生跟着汉密尔顿研究 Ricci 流。其中就包括他的第一个来自中国大陆的学生曹怀东。

第一次见到曹怀东，是在超弦大会丘成桐关于庞加莱猜想的报告上，虽然那一段时间里，几乎所有的媒体都在找曹怀东，但是穿着件鲜艳颜色大 T 恤的他，在会场里走了好几圈，居然没有人认出。这也难怪，绝大多数的数学家，依然是远离公众视线的象牙塔中人，即使是名动天下如威滕（Witten），坐在后排，俨然也是大隐隐于市的模样。

1982 年，曹怀东考取丘成桐的博士。1984 年，当丘成桐转到加州大学圣迭戈分校任教时，曹怀东也跟了过来。但是，他的绝大多数时间，是与此时亦从康奈尔大学转至圣迭戈分校的汉密尔顿"泡在一起"。这时，丘成桐的 4 名博士生，全部在跟随汉密尔顿的研究方向。其中做得最优秀的，是施皖雄，他写出了很多非常漂亮的论文，提出很多好的观点，可是，因为个性和环境的原因，在没有拿到大学的终身教职后，施皖雄竟然放弃了做数学。提起施皖雄，时至今日，丘成桐依然其辞若有憾焉。一种虽然于事无补但惹人深思的假设是，如果，当时的施皖雄坚持下去，关于庞加莱猜想的故事，是否会被改写？

在使用 Ricci 流进行空间变换时，到后来，总会出现无法控制走向的点。这些点，叫做奇点。如何掌握它们的动向，是证明三维庞加莱猜想的关键。在借鉴了丘成桐和李伟光在非线性微分方程上的工作后，1993年，汉密尔顿发表了一篇关于理解奇点的重要论文。便在此时，丘成桐隐隐感觉到，解决庞加莱猜想的那一刻，就要到来了。

与其同时，地球的另一端，一个叫格里戈里·佩雷尔曼的数学家在花了 8 年时间研究这个足有一个世纪的古老数学难题后，将 3 份关键论文的手稿在 2002 年 11 月和 2003 年 7 月之间,粘贴到一家专门刊登数学和物理论文的网站上,并用电邮通知了几位数学家,声称证明了几何化猜想。到 2005 年 10 月,数位专家宣布验证了该证明,一致的赞成意见几乎已经达成。

"如果有人对我解决这个问题的方法感兴趣,都在那儿呢,让他们去看吧。"佩雷尔曼博士说,"我已经发表了我所有的算法,我能提供给公众的就是这些了。"

佩雷尔曼的做法让克雷数学研究所大伤脑筋。因为按照这个研究所的规矩,宣称破解了猜想的人需在正规杂志上发表并得到专家的认可后,才能获得 100 万美元的奖金。显然,佩雷尔曼并不想把这 100 万美金补充到他那微薄的收入中去。

对于佩雷尔曼,人们知之甚少。这位伟大的数学天才,出生于 1966 年 6 月 13 日,他的天分使他很早就开始专攻高等数学和物理。16 岁时,他以优异的成绩在 1982 年举行的国际数学奥林匹克竞赛中摘得金牌。此外,他还是一名天才的小提琴家,台球打得也不错。

从圣彼得堡大学获得博士学位后,佩雷尔曼一直在俄罗斯科学院圣彼得堡斯捷克洛夫数学研究所工作。20 个世纪 80 年代末期,他曾到美国多所大学做博士后研究。大约 10 年前,他回到斯捷克洛夫数学研究所,继续他的宇宙形状证明工作。

证明庞加莱猜想关键作用让佩雷尔曼很快曝光于公众视野,但他似乎并不喜欢与媒体打交道。据说,有记者想给他拍照,被他大声制止;而对像《自然》、《科学》这样声名显赫杂志的采访,他也不屑一顾。

"我认为我所说的任何事情都不可能引起公众的一丝一毫的兴趣。"佩雷尔曼说,"我不愿意说是因为我很看重自己的隐私,或者说我就是想隐瞒我做的任何事情。这里没有顶级机密,我只不过认为公众对我没有兴趣。"他坚持自己不值得如此的关注,并表示对飞来的横财没有丝毫的兴趣。

2003 年,在发表了他的研究成果后不久,这位颇有隐者风范的大胡子学者就从人们的视野中消失了。据说他和母亲、妹妹一起住在圣彼得堡市郊的一所小房子里,而且这个犹太人家庭很少对外开放。

4. 最终的解决

就这样,在前人的不断努力下,庞加莱猜想的证明也变得水到渠成。

2006 年 6 月 3 日,中山大学的朱熹平教授和曹怀东以一篇长达 300多页的论文,以专刊的方式刊载在美国出版的《亚洲数学期刊》六月号,补全了佩雷尔曼证明中的漏洞,给出了庞加莱猜想的完全证明,破解了国际数学界关注上百年的重大难题——庞加莱猜想。运用汉密尔顿、佩雷尔曼等的理论基础,朱熹平和曹怀东第一次成功处理了猜想中"奇异点"的难题,从而完全破解了困扰世界数学家多年的庞加莱猜想。今后,"庞加莱猜想"就要被称作"庞加莱定理"啦!

但是,因为还有其他人宣称证明了该猜想,包括佩雷尔曼、汉密尔顿都对此问题有着巨大贡献,佩雷尔曼还一度声称自己证明了该猜想,而朱熹平和曹怀东却完成了最后的封顶,因此谁是首个证明者,还有争议。

5. 谁是最重要的证明者?

谁是这个猜想最重要的证明者呢:答案是佩雷尔曼。

佩雷尔曼于 1992 年访问美国,他的生活极为俭朴,只吃面包、奶酪和牛奶。在纽约大学他结识了年轻的中国数学家田刚,每星期他们一起开车去普林斯顿参加高等研究院的讨论班。佩雷尔曼读了哈密尔顿关于瑞奇流的文章,还在高等研究院听了他作的一个报告。佩雷尔曼说:"你不用是大数学家也可以看出这对几何化会有用。"

1994 年,佩雷尔曼因写出了几篇非常有原创性的论文而被邀请在国际数学家大会作报告。好几家大学,包括斯坦福和普林斯顿,邀请他去申请职位。但是他拒绝了一些学校提供的职位，于 1995 年夏天回到圣彼得堡。他说："我意识到我在俄国会工作得更好。"斯坦福的 Eliashberg 说他回俄国是为了解决庞加莱猜想，佩雷尔曼对这种说法没有表示反对。

在俄国他独自工作，只通过因特网搜集他所需要的知识。Gromov，一位曾与佩雷尔曼合作过的着名几何学家说："他不需要任何帮助，喜欢一个人工作。他使我想起牛顿，着迷于自己的想法，不去理睬别人的意见。"1995 年，汉密尔顿发表了一篇文章，其中描述了他对于完成庞加莱猜想的证明的一些想法。佩雷尔曼对我们说，从这篇文章中"我看不出他在 1992 年之后有任何进展，可能更早些时候他就被卡在哪儿了。"然而佩雷尔曼却认为自己看到了解决问题的道路。1996 年，他给汉密尔顿写了一封长信，描述了他的想法，寄希望于汉密尔顿会同他合作。但是，佩雷尔曼说，"他没有回答，所以我决定自己干。"

2002 年 11 月 11 日，佩雷尔曼在网络数学文库上张贴了他的第一篇文章，之后他通过电子邮件把文章摘要发送给在美国的一些数学家，包括汉密尔顿、田刚和丘成桐。之前他没有同任何人讨论过这篇文章，因为"我不想同我不信任的人讨论我的工作。"对于随意地在网上发表如此重要的问题的解答可能带来的风险，例如证明或有纰漏而使他蒙羞，甚至被他人纠正而失去成果的优先权，佩雷尔曼表示："如果我错了而有人利用我的工作给出正确的证明，我会很高兴。我从来没有想成为庞加莱猜想的唯一破解者。"田刚在麻省理工学院收到了佩雷尔曼的电子邮件，立即意识到其重要性。他开始阅读并同他的同事们讨论这篇文章。

11 月 19 日，几何学家 Kapovitch 在电子邮件中询问佩雷尔曼："我是否理解正确：你在汉密尔顿的纲要中已经可以做足够多的步骤使你能解决几何化猜想？"佩雷尔曼第二天的回答只有一句话："这是正确的。"

田刚写信给佩雷尔曼邀请他到麻省理工学院作演讲。普林斯顿和石溪分校的同事们也发出类似邀请。佩雷尔曼全部接受了,并于2003年4月开始在美国做巡回演讲。数学家们和新闻界都把这看作一件大事。使他感到失望的是,汉密尔顿没有参加这些报告会。

佩雷尔曼说:"我是汉密尔顿的门徒,虽然还没有得到他的认可。"当哥伦比亚大学的John Morgan邀请他去演讲时他同意了,因为他希望在那里能见到汉密尔顿。演讲会在一个星期天早上举行,汉密尔顿迟到了,并且在会后的讨论和午餐中没有提任何问题。"我的印象是他只读了我的文章的第一部分。"佩雷尔曼说。

到2003年的7月,佩雷尔曼已经在网上公布了他的后两篇文章。数学家们开始对他的证明艰苦地进行检验和说明。在美国至少有两组专家承担了这一任务:田刚(丘成桐的对手)和Morgan;还有密西根大学的两位专家。克雷研究所对他们都给与资助,并计划把田和Morgan的工作以书的形式出版。这本书除了为数学家们提供佩雷尔曼的证明的逻辑外,还是佩雷尔曼能够获得克雷研究所100万美元奖金的依据。

2004年9月10日,在佩雷尔曼回到圣彼得堡一年多后,他收到田刚发来的一封很长的电子邮件,田在其中写道:"我想我们已经理解了你的文章,它完全正确。"佩雷尔曼没有回信。他向我们解释,"人们需要时间去适应这个有名的问题不再是猜想这样一个事实,重要的是我不去影响这个过程。"

2003年春天,丘成桐召集中山大学的朱熹平和他的一个学生,里海大学的曹怀东,承担解释佩雷尔曼的证明的工作。丘还安排朱在2005~2006学年访问哈佛大学,在一个讨论班上讲解佩雷尔曼的证明并继续与曹一起写他们的文章。2006年4月13日,《亚洲数学杂志》编委会的31位数学家收到丘成桐和另一位共同主编的电子邮件,通知他们在3天内对丘打算在杂志上发表的朱熹平和曹怀东的一篇文章发表意见,题目是

"瑞奇流的汉密尔顿-佩雷尔曼理论:庞加莱和几何化猜想"。电子邮件没有包含这篇文章、评审报告或者摘要。至少一位编委要求看这篇文章,却被告知无法得到。4月16日曹收到了丘的邮件告诉他文章已被接受,摘要已在杂志的网站公布。一个多月后,朱和曹的文章的题目在《亚洲数学杂志》的网页上被改成"庞加莱和几何化猜想的一个完整证明:瑞奇流的哈密尔-佩雷尔曼理论的应用"。摘要也被修改了,新加的一句话说,"这一证明应看作为瑞奇流的汉密尔顿-佩雷尔曼理论的最高成就"。

朱和曹的文章中说,他们不得不"用基于自己研究的新方法取代佩雷尔曼的几处关键步骤,因为我们不能理解他的本来的推理,而这些推理对几何化纲领的完成是要紧的。"熟悉佩雷尔曼证明的数学家不同意朱和曹对于庞加莱猜想做出重要新贡献的说法。Morgan 说:"佩雷尔曼已经做了证明,这个证明是完整和正确的。我看不出他们做了什么不同的事情。"

两位作者到达圣彼得堡后经历了一番曲折才见到佩雷尔曼。佩雷尔曼反复说他已经退出了数学界,不再认为自己是职业数学家了。他提到多年前他同一位合作者就如何评价某个作者的一项工作所发生的争执。他说他对于学界松懈的道德规范感到非常沮丧。"不是那些违背道德标准的人被看作异类,"他说,"而是像我这样的人被孤立起来。"当被问及他是否看过曹和朱的文章时,他回答"我不清楚他们做了什么新贡献。显然朱没有十分明白那些推理而又重新做了一遍。"至于丘成桐,佩雷尔曼说,"我不能说我被侵犯了。还有人做得比这更糟。当然,许多数学家多少是诚实的,可他们几乎都是和事佬。他们容忍那些不诚实的人。"获得菲尔兹奖的前景迫使他同他的职业彻底决裂。"只要我不出名,我还有选择的余地,"佩雷尔曼解释说,"或者做一些丑事,——对于数学界缺乏正义感大惊小怪——或者不这样做而被当作宠物。现在,我变得非常有名了,我不能再做宠物而不说话。这就是为什么我要退出。"当被问及,他拒绝了菲尔兹奖,退出了数学界,是否意味着他排除了影响数学界的任何可能性时,他生气地回答:"我不是搞政治的。"佩雷尔曼不愿回答他是否也会拒绝克雷研究所的百万美元奖金的问题。"在颁发奖金之前我不作决定,"他说。Gromov说他能理解佩雷尔曼的逻辑。"你要做伟大的工作就必须有一颗纯洁的心。你只能想数学,其他一切都属于人类的弱点。"尽管人们会把他拒绝接受菲尔兹奖视为一种傲慢,Gromov说,他的原则值得钦佩。"理想的科学家除科学之外不关心其他的事情。他希望生活在那样理想的境界。虽然他做不到,但他希望那样。"

三、庞加莱猜想的意义

庞加莱猜想的证明意义重大,该猜想的证明,凝结了中国五六个科学家的贡献,是人类在三维空间研究角度解决的第一个难题,也是一个属于代数拓扑学中带有基本意义的命题,将有助于人类更好地研究三维空间,其带来的结果将会加深人们对流形性质的认识,对物理学和工程学都将产生深远的影响,甚至会对人们用数学语言描述宇宙空间产生影响。

第四节 黎曼假设

黎曼是黎曼几何的创始人。他在读博士学位期间,研究的是复变函数。他把通常的函数概念推广到多值函数,并引进了多叶黎曼曲面的直观概念。他的博士论文受到了GAUSS的赞扬,也是他此后十年工作的基础,包括:复变函数在Abel积分和theta函数中的应用,函数的三角级数表示,微分几何基础等。

一、黎曼假设的提出

2000年5月24日,美国克雷数学研究所公布了7个千禧数学问题,其中黎曼假设被公认为目前数学中（而不仅仅是这 7 个）最重要的猜想。黎曼假设并非第一次在社会上征寻解答，早在 1900 年的巴黎国际数学家大会上，德国数学家希尔伯特列出 23 个数学问题。其中第 8 问题中便有黎曼假设（还包括孪生素数猜测和哥德巴赫猜想）。

二、黎曼假设概况

有些数具有不能表示为两个更小的数的乘积的特殊性质，例如，2，3，5，7，等等。这样的数称为素数；它们在纯数学及其应用中都起着重要作用。在所有自然数中，这种素数的分布并不遵循任何有规则的模式；然而，德国数学家黎曼（1826～1866）观察到，素数的频率紧密相关于一个精心构造的所谓黎曼蔡塔函数 $z(s)$ 的性态。著名的黎曼假设断言，方程 $z(s)=0$ 的所有有意义的解都在一条直线上。这点已经对于开始的 1,500,000,000 个解验证过。证明它对于每一个有意义的解都成立将为围绕素数分布的许多奥秘带来光明。

在证明素数定理的过程中，黎曼提出了一个论断：Zeta 函数的零点都在直线 $Res(s)=1/2$ 上。他在做了一番努力而未能证明后便放弃了，因为这对他证明素数定理影响不大。但这一问题至今仍然未能解决，甚至于比此假设简单的猜想也未能获证。而函数论和解析数论中的很多问题都依赖于黎曼假设。在代数数论中的广义黎曼假设更是影响深远。若能证明黎曼假设，则可带动许多问题的解决。

第五节　杨-米尔斯理论

杨-米尔斯又称规范场理论，是研究自然界四种相互作用（电磁、弱、强、引力）的基本理论，是由物理学家杨振宁和米尔斯在 1954 年首先提出来的。它起源于对电磁相互作用的分析，利用它所建立的弱相互作用和电磁相互作用的统一理论,已经为实验所证实,特别是这理论所预言的传播弱相互作用的中间玻色子,已经在实验中发现。杨-米尔斯理论又为研究强子(参与强相互作用的基本粒子)的结构提供了有力的工具。在某种意义上说,引力场也是一种规范场。所以这一理论在物理中的作用非常重要。数学家注意到杨-米尔斯场中的规范势恰是数学家在 20 世纪 30~40 年代以来深入研究过的纤维丛上的联络。不仅如此,他们还发现,这一理论中出现的杨-米尔斯方程是一组数学上未曾考虑到的极有意义的非线性偏微分方程。1975 年以来数学家对杨-米尔斯方程进行了许多深入的研究,这些研究对于纯粹数学的发展,也起了推动作用。

第六节 纳维-斯托克斯方程

纳维-斯托克斯方程(Navier-Stokesequations),以克劳德-路易·纳维(Claude-Louis Navier)和乔治·加布里埃尔-斯托克斯命名,是一组描述象液体和空气这样的流体物质的方程,简称 N-S 方程。因 1821 年由纳维建立和 1845 年由斯托克斯改进而得名。

方程建立了流体的粒子动量的改变率(加速度)和作用在液体内部的压力的变化和耗散黏滞力(类似于摩擦力)以及重力之间的关系。这些黏滞力产生于分子的相互作用,能告诉我们液体有多黏。这样,纳维-斯托克斯方程描述作用于液体任意给定区域的力的动态平衡,这在流体力学中有十分重要的意义。

它们是最有用的一组方程之一,因为它们描述了大量对学术和经济有用的现象的物理过程。它们可以用于建模天气、洋流、管道中的水流、星系中恒星的运动、翼型周围的气流。它们也可以用于飞行器和车辆的设计、血液循环的研究、电站的设计、污染效应的分析,等等。

纳维-斯托克斯方程依赖微分方程来描述流体的运动。这些方程,和代数方程不同,不寻求建立所研究的变量(譬如速度和压力)的关系,而是建立这些量的变化率或通量之间的关系。用数学术语来讲,这些变化率对应于变量的导数。这样,最简单情况的 0 黏滞度的理想流体的纳维-斯托克斯方程表明加速度(速度的导数,或者说变化率)是和内部压力的导数成正比的。

这表示对于给定的物理问题的纳维-斯托克斯方程的解必须用微积分的帮助才能取得。实用上,只有最简单的情况才能用这种方法解答,而它们的确切答案是已知的。这些情况通常设计稳定态(流场不随时间变化)的非湍流,其中流体的黏滞系数很大或者其速度很小(小的雷诺数)。

对于更复杂的情形,例如厄尔尼诺这样的全球性气象系统或机翼的升力,纳维-斯托克斯方程的解必须借助计算机。这本身是一个科学领域,称为计算流体力学。

虽然湍流是日常经验中就可以遇到的,但这类问题极难求解。一个百万美元的大奖由克雷数研究所于 2000 年 5 月设立,奖给对于能够帮助理解这一现象的数学理论作出实质性进展的任何人。

第七节　BSD 猜想

数学家总是被诸如 $x^2 + y^2 = z^2$ 那样的代数方程的所有整数解的刻画问题着迷。欧几里德曾经对这一方程给出完全的解答,但是对于更为复杂的方程,这就变得极为困难。事实上,正如马蒂雅谢维奇(Matiyasevich)指出,希尔伯特第十问题是不可解的,即,不存在一般的方法来确定这样的方法是否有一个整数解。当解是一个阿贝尔簇的点时,贝赫和斯维讷通-戴尔猜想认为,有理点的群的大小与一个有关的蔡塔函数 $z(s)$ 在点 $s = 1$ 附近的性态。特别是,这个有趣的猜想认为,如果 $z(1)$ 等于 0,那么存在无限多个有理点(解),相反,如果 $z(1)$ 不等于 0,那么只存

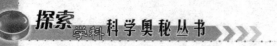

在有限多个这样的点。BSD猜想是有可能破解的。

　　BSD猜想，全称"贝赫和斯维纳通－戴尔猜想"是2005年美国克雷数学研究所的科学顾问委员会选定的七个"千年大奖问题"之一。克雷数学所"千年大奖问题"的选定，其目的不是为了形成新世纪数学发展的新方向，而是集中在对数学发展具有中心意义、数学家们梦寐以求而期待解决的重大难题。

第八章 探索路上的数学家

第一节 人类首席数学家——欧几里得

欧几里得虽然并不是杰出的数学家,但他撰写的《几何原本》却是两千多年以来人类智慧的乳汁,是每位科学家的必修课本,因此,将欧几里得称为数学乃至整个自然科学的奶娘也是不为过的,在学术界里,许多学者认为欧几里得是开天辟地以来的人类首席数学家。

欧几里得生于公元前330年希腊的亚历山大城,受教于柏拉图学派,并在亚历山大城组建欧几里得学派。他与阿基米德、阿波罗尼奥斯是古希腊三大数学领袖,他们的成就是古希腊数学成就的巅峰。

欧几里得并不是欧几里得几何的创始人,但他的最大贡献是把前人的几何成果整理归纳,纳入了严密的从公理公设出发的逻辑体系之中,写成一部人类几何知识的集大成《几何原本》。可惜《几何原本》的原作已经失传,现在各种语言翻译的版本皆为后人修订、注释重新编撰的。《几何原本》早期只有手抄本,直至1482年才在意大利的威尼斯问世了第一部《几何原本》的印刷本,至今已经有各种文字的1000多种版本的《几何原本》正式出版发行。

欧几里得不仅是一位学识渊博的数学家,同时还是一位有"温和仁慈的蔼然长者"之称的教育家。在著书育人过程中,他始终没有忘记当年挂在"柏拉图学园"门口的那块警示牌,牢记着柏拉图学派自古承袭的严谨、求实的传统学风。他对待学生既和蔼又严格,自己却从来不宣扬有什么贡献。对于那些有志于穷尽数学奥秘的学生,他总是循循善诱地予以启发和教育,而对于那些急功近利、在学习上不肯刻苦钻研的人,则毫不客气地予以批评。

在柏拉图学派晚期导师普罗克洛斯的《几何学发展概要》中,就记载着这样一则故事,说的是数学在欧几里得的推动下,逐渐成为人们生活中的一个时髦话题(这与当今社会截然相反),以至于当时托勒密国王也想赶这一时髦,学点儿几何学。虽然这位国王见多识广,但欧氏几何却在他的智力范围之外。于是,他问欧几里得:"学习几何学有没有什么捷径可走?"欧几里得严肃地说:"抱歉,陛下! 学习数学和学习一切科学一样,是没有什么捷径可走的。学习数学,人人都得独立思考,就像种庄稼一样,不耕耘是不会有收获的。在这一方面,国王和普通老百姓是一样的。"

欧几里得开严密逻辑证明之先河,他示范了一切数学命题之证明必须从定义和公理出发引用已有的定理或公式,正确运用逻辑规则来推理,禁止有半点的含混和想当然。他写的《几何原本》就是这种"数学美"与数学文化的样板。事实上,如果不坚持欧几里得的这种"数学规矩",数学的生命力就会丧失。

除几何之外,欧几里得在数论、光学等方面尚有不俗的成就。例如他是证明素数无穷的第一人;他的著作颇丰,除伟大经典《几何原本》外,还有《二次曲线》、《图形分割》、《曲面与轨迹》、《数据》、《辨伪术》、《镜面反射》、《现象》,等等。

他在证明"两圆面积比两者直径平方比"时,首次使用"穷竭法",是极限思想的原始形态。他说圆与边数足够的内接正多边形的面积差可以小于任何预先给定的量,这正是近代微积分中无穷小的原型。

第二节 数学之神——阿基米德

阿基米德(Archimedes,公元前 287~公元前 212)出生在西西里岛的叙拉古地区一个科学世家,父亲是当时有名的数学家和天文学家,阿基米德就读于亚历山大大学,是欧几里得学生的学生。他的许多学术成果是通过与亚历山大学者们的通信保存下来的。他的贡献涉及数学、力学和天文学等领域,传世的科学著作不少于 10 种,其中含有众多创造性的发现。例如《论球与圆柱》、《论螺线》、《论劈锥曲面体与球体》、《抛物线求积》、《论浮体》、《论杠杆》、《论重心》、《论平板的平衡》等等,其中有不少内容是永远闪光的精彩作品,例如《论球与圆挂》中有下列定理:

①球面积等于大圆面积的 4 倍。

②以球的大圆为底,球直径为高的圆柱体积等于球体积的 $\frac{3}{2}$,其表面积是球面积的 $\frac{3}{2}$。

阿基米德十分欣赏他得到的这个双 $\frac{3}{2}$ 的和谐优美的定理,留有遗嘱要后人在他的墓碑上刻上圆柱的内切球,后人果真遵嘱实现了他的遗言。

在《论螺线》中,阿基米德定义了一种漂亮的螺线,这种阿基米德螺线的表达式为

$$\rho = a\theta$$

其中 $d > 0$,θ 是转角(弧度制),ρ 是动点向径,则从原点出发逆时针旋转一周后动点到达 A 点,见图 1-1,阿基米德证明图中阴影区面积 S 是以 OA 为半径的圆面积的 $\frac{1}{3}$,即

$$S = \frac{1}{3}\pi(2\pi a)^2$$

$$= \frac{4}{3}a^2\pi^3$$

在《论杠杆》中,阿基米德风趣地比喻说:"给我一个立足点,我可以移动这个地球。"以此来向人们阐明杠杆的省力原理。

他的著作当中,熟练的计算技巧与严格的证明融为一体,是古代数学当中精确性与严格性相统一的典范,是古代精确科学所达到的顶峰。

叙拉古的国王亥洛是阿基米德的好朋友,据传国王亥洛令人制作了一顶王冠,他怀疑王冠不是纯金的,匠人掺了假,有一些银子熔在里边。国王无法找到真凭实据,只好请教多才善算的阿基米德来解决这一难题。阿基米德也是首次遇到如此棘手的问题,他反复思考多日,一天,阿基米德洗浴,突获灵感,赤身跑出浴池大呼"我找到(办法)了,我找到了。"他用阿基米德浮力原理解决了王冠问题。

阿基米德在《论砂粒》一文中涉及相当于 10^{68} 和 $2^{10^{17}}$ 这样巨大的数,他已经明确指出没有最大的数,他说,无论多大的数都可以表示出来,他已经有了极限的思想。

阿基米德不仅是理论家,而且是实验科学家和技术专家。例如,他制造的大型透镜曾聚焦焚毁了罗马入侵者的战船,创造的投掷机把攻城敌兵打得落荒而逃,还发明过提水灌田的水泵等机械。

阿基米德是一位超凡的学者,17 岁就成了有名的科学家,他专心致志,乐以忘忧。第二次布匿战争中,罗马士兵攻占了叙拉古,冲进他家的院子,当时他正聚精会神在沙盘上研究几何图形,当罗马士兵逼近他时,他忙站起来要求来者不要干扰他的思路,而这个罗马士兵竟举刀砍杀了这位科学巨人的头颅!

第三节　现代数学方法的鼻祖——笛卡儿

　　笛卡儿 1596 年生于法国都兰,贵族出身,科学史上的传奇人物,伟大的数学家、物理学家、哲学家和生物学家。我们只从数学的角度介绍他的事迹与思想。

　　笛卡儿 20 岁毕业于普互捷大学法律系,但他既不想成为世袭贵族,对法律亦无兴趣,他具有许多创新的思想,绝不因循守旧和迷信古人,敢于向传统挑战,他勤于思考,他的名言是:"我思,故我在。"他不仅读书破万卷,而且对社会、对宇宙深入观察,努力实践。他说:"我遇到的一切我都仔细研究,目的是从中引出有益的东西。"1629 年,移居荷兰,深居简出,著书立说。主要著作有:《方法论》、《论世界》、《形而上学的沉思》、《哲学原理》、《几何学》。《几何学》中文译本于 1992 年由武汉出版社出版。全书分三篇,第一篇的内容是规尺作图,引入平面坐标系来建立几何问题的方程,包含着解析几何的要旨;第二篇进一步发展解析几何的思想和方法,讨论如何由坐标与方程研究多种曲线的性质。

　　笛卡儿发明的解析几何使变量和运动进入数学,是初等数学向高等数学发展的转折点,为函数论和微积分等现代数学主流的创立奠定了基础,也为几何学开拓了有力的研究方法,所以笛卡儿被科学史家公认为现代数学方法的鼻祖。

　　笛卡儿认识到欧几里得几何学过分强调证明技巧和过分依赖图形,酷似少儿"看图说话",不利于几何学的进步,而代数又完全受制于法则和公式,过于抽象,缺乏直观性。他主张把两者联姻,形成数学分支间的杂交优势,解析几何是笛卡儿对他那个时代以及之后的世代数学家们恩赐的无价的数学财富。

　　笛卡儿强调通过数学建模来解决科学上的实际问题,他在《方法论》

一书中宣言：

把一切问题化成数学问题，把一切数学问题化成代数问题，把一切代数问题化成单个方程来求解！

今天听来，他的话说得有点过头，但在许多场合，上述观点是可行的；事实上，他那个时代尚未建立系统的非线性数学（例如非线性微分方程和混沌等），所以上述"笛卡儿纲领"中的"一切"二字似应修正。

笛卡儿重视直觉，他说："我们不应该只服从别人的意见或自己的猜测，而是仅仅去寻找清楚而明白的直觉所能看到的东西，以及根据确实的资料做出的判断，舍此之外，别无求知之道。"他还说过："数学不是思维的训练，而是一门建没性的有用的学科，研究数学是为了造福人类。"

笛卡儿身体一直不健康，不得不躺在床上看书和思考，据说解析几何就是他躺着想出来的。1649 年，瑞典年轻的皇后克利斯蒂娜邀请笛卡儿辅导她学习数学，笛卡儿看她喜爱数学，聪慧刻苦，为人正派，就答应了她，每天清晨为这位特殊的学生授课，由于瑞典气候寒冷，笛卡儿不久染患肺炎，第二年(1650 年)2 月，这位伟大的科学家与世长辞。

第四节　为全人类增添光彩的人物——牛顿

牛顿，英国林肯郡人，出身农家，1642 年生，尚未出生即已丧父，降生后其母改嫁他乡，小牛顿由外婆抚养和供其上学，1661 年考入剑桥大学，1669 年被评为剑桥大学数学教授，1703 年被选为英国皇家学会会长，并接受女王安娜的封爵，1727 年逝世。

牛顿的科学贡献涉及数学、力学、天文学、物理学和化学等众多领域，为数学和自然科学奠定了以下 4 个方面的基础：

（1）创建微积分，奠定了近代数学的基础。牛顿与德国数学家莱布尼茨同时独立创立的微积分，后来发展成近代数学的中心学科，在它的基础上衍生出常微分方程、偏微分方程、复变函数论、微分几何、泛函分析、变分法等数学分支以及理论力学、天体力学等自然科学学科。为数极多的数学问题和自然科学问题,不用微积分就根本不能解决。在微积分的成果面前,就连曾不遗余力攻击牛顿的流数(即导数)术挑起第二次数学危机的大主教伯克莱(Berkeley,1685~1753),最后也表态说:"流数术是一把万能的钥匙,借助于它,近代数学家打开了几何乃至大自然的秘密,这一方法使数学家们能够在发现定理和解决问题方面大大超越古人。"现代著名科学家冯·诺伊曼如此评价:"微积分是近代数学当中最大的成就,对它的重要性,无论怎样估计,都不会过分。"

(2)首创光谱分析实验,为近代光学奠定了基础。

(3)发现力学三大定律,为经典力学奠定了基础。

(4)发现万有引力定律,为近代天文学奠定了基础。

科学家阿西莫夫认为,任何一位科学家,只要具有牛顿这四项发现中的一项,就足以成为最著名的科学家,而牛顿集四项成就于一身,只有牛顿是有史以来最伟大的科学家,是人类文明史上的超天才。

1665 年伦敦发生瘟疫,剑桥停课,牛顿还乡一直住到 1667 年,时年 22 岁到 24 岁,风华正茂、才气横溢的牛顿在家乡做出了人类思想史上无与伦比的几项发现:负指数和分数指数的二项式级数;微分学和积分学;作为了解太阳系结构的万有引力定律;用三棱镜把日光分解成可见光谱,借以解释了彩虹的由来等。

牛顿是一个内向沉稳的科学家,对出书和发表文章没多大兴趣,代表作是《自然哲学的数学原理》。他是一个对科学痴迷到不食人间烟火的人,关于牛顿的轶事很多,下面列举若干。

(1)一日,牛顿一边煮鸡蛋一边看书想问题,过了好长时间才想到该把煮熟的鸡蛋捞出来吃,结果竟从锅里捞出一块怀表,原来他只顾思考问题,把怀表当成鸡蛋扔到锅里煮了!

（2）又一日，一位朋友来访，牛顿请人家一同用餐，他想起自己有一瓶好葡萄酒，于是对这位朋友说，我去拿酒，请稍候。朋友左等右等不见牛顿回来，就去找他，一看，牛顿正在他的实验室里紧张地做实验，早把请朋友喝酒的事忘到脑后去了。

（3）再一日，牛顿请一位朋友吃饭，饭菜摆好，朋友再三催牛顿从书房出来用餐，牛顿迟迟不出来，朋友饿了，狼吞虎咽把饭菜吃了个精光，啃剩的鸡骨头扔得狼藉满桌，后来牛顿出来吃饭，看到桌上的骨头，自言道："我真糊涂，这顿饭我不是吃过了吗！"于是又回书房继续研究他的问题。

（4）牛顿青年时代与表妹相爱，谈婚论嫁，一对恋人已约定结婚日期，可是因为科研一忙，牛顿竟忘记了结婚日期，女方误认为表兄心变，另求新欢了。从此牛顿再未婚恋，独身生活一生，把全部身心都献给了科学事业。

（5）传说一日牛顿端坐苹果树下思虑问题，突然一只苹果砰然坠地，牛顿自问，为什么这只苹果一定要垂直落地而不飞向他方？从中悟出定是地球在拉动这只苹果，进而究之，是否物体间皆互相吸引牵拉？再经实验研究，终于发现了万有引力定律这一自然界的金律。

英国人把牛顿视为神圣，一位诗人为牛顿写墓志铭曰：

"宇宙和自然规律隐藏在黑暗之中，

神说：

让牛顿降生吧！

一切才会光明。"

当然牛顿绝非神仙下凡，他自我评价说他是站在巨人肩上的孩子，所创的科学理论，只是"在科学的大海岸边拾到的几只美丽的贝壳而已"。

第五节　此人就是一所科学院——莱布尼茨

莱布尼茨(Leibniz),德国莱比锡人,1646年生,出身书香门第,父亲是莱比锡大学哲学教授,与牛顿的命运相似,莱布尼茨6岁丧父,由慈母抚养成才。15岁考入莱比锡大学法律系,但他最有兴趣的却不是法律,而是数学。20岁完成法学博士论文,校方以他太年轻为口实,拒授他法学博士学位,另一所大学仔细审阅他的论文,授予了他法学博士学位,且聘他为法学教授。当时他的兴趣已转向科学与数学,于是谢绝了法学教授的聘任,自由而专心地研究哲学和数学,终于和牛顿同时独立地创立了微积分,与牛顿形成英吉利海峡两岸双星辉映的灿烂数学文化。

莱布尼茨不仅对数学科学做出了划时代的贡献,而且对哲学、逻辑学、语言学、航海学和计算器具甚至历史学等方方面面都有重大成就。1673年被选为英国皇家学会会员,1700年被选为巴黎科学院院士,他是柏林科学院首任院长,普鲁士的腓特烈大帝称莱布尼茨说:"此人本身就是一所科学院。"此言准确地表达了莱布尼茨学问之渊博和对科学发展贡献之巨大。

莱布尼茨的思想具有哲学家的气质,他研究数学时在思路和细节上充满了哲学与逻辑的特色,而牛顿的气质则是物理学家类型的,牛顿研究数学的思路与细节更多的是借助于物理上的启发,这两种风格各有千秋,如果两者结合起来,则会更为完美。莱布尼茨主张用自然主义限制有神论,用合乎理性的哲学替代世俗的信仰与迷信大杂烩的"野蛮哲学",即用理性替代愚昧和上帝,为科学发展争夺地盘。所以莱布尼茨只是半个基督徒,是披着宗教外衣反宗教的正派的科学家。1875年5月10日,马克思给恩格斯的信中说:"我是钦佩莱布尼茨的。"恩格斯指出:"当时的社会活动都不得不采取神学的形式。"在当时宗教横行的德国,莱布尼茨内心深处是反对封建神学和经院哲学的,但必须打着与上帝妥协的旗号,他称上帝是最高的数学家,上帝是按数学规律来设计和安排宇宙的。

第六节　数学界的莎士比亚——欧拉

欧拉生于瑞士的一个牧师家庭,18岁开始发表数学论文,19岁毕业于巴塞尔大学,是约翰·伯努利的学生,但他的工作很快就超过了他的老师。1733年领导俄国彼得堡科学院高等数学研究室,一生为人类留下886篇科学著作或论文,是古今最多产的作家,所以有人把欧拉称作是"数学界的莎士比亚"。他与高斯、黎曼被公认为是近世三大数学家。几乎数学的所有领域都留有欧拉的足迹。他的文章表达轻松易懂,总是津津有味地把他那丰富的思想和广泛的兴趣写得有声有色,就连法国物理学家阿拉哥在谈到这位举世无双的数学天才时说:"他做计算和推理毫不费力,就像人们平常呼吸空气或雄鹰展翅翱翔一样。"

他在柏林工作期间,将数学成功地应用于其它科学技术领域,写出了几百篇论文,他一生中许多重大的成果都是这期间得到的。如:有巨大影响的《无穷小分析引论》、《微分学原理》,即是这期间出版的。此外,他研究了天文学,并与达朗贝尔(Alembert,1717~1783)、拉格朗日一起成为天体力学的创立者,发表了《行星和彗星的运动理论》、《月球运动理论》、《日蚀的计算》等著作。在欧拉时代还不分什么纯粹数学和应用数学,对他来说,整个物理世界正是他数学方法的用武之地。他研究了流体的运动性质,建立了理想流体运动的基本微分方程,发表了《流体运动原理》和《流体运动的一般原理》等论文,成为流体力学的创始人。他不但把数学应用于自然科学,而且还把某一学科所得到的成果应用于另一学科。比如,他把自己所建立的理想流体运动的基本方程用于人体血液的流动,从而在生物学上添上了他的贡献,又以流体力学、潮汐理论为基础,丰富和发展了船舶设计制造及航海理论,出版了《航海科学》一书,并以一篇《论船舶的左右及前后摇晃》的论文,荣获巴黎科学院奖金。不仅如此,他还为普鲁士王国解决了大量社会实际问题。1760 年到 1762 年间,欧拉应亲王的邀请为夏洛特公主函授哲学、物理学、宇宙学、神学、伦理学、音乐等,这些通信充分体现了欧拉渊博的知识、极高的文学修养、哲学修养。后来这些通信整理成《致一位德国公主的信》,1768 年分三卷出版,世界各国译本风靡,一时传为佳话。

欧拉研究问题最鲜明的特点是:他把数学研究之手深入到自然与社会的深层。他不仅是位杰出的数学家,而且也是位理论联系实际的巨匠,应用数学大师。他喜欢搞特定的具体问题,而不象现代某些数学家那样,热衷于搞一般理论。

正因为欧拉所研究的问题都是与当时的生产实际、社会需要和军事需要等紧密相连,所以欧拉的创造才能才得到了充分发挥,取得了惊人的成就。欧拉在搞科学研究的同时,还把数学应用到实际之中,为俄国政府解决了很多科学难题,为社会作出了重要的贡献。如菲诺运河的改造方案,宫廷排水设施的设计审定,为学校编写教材,帮助政府测绘地图;在度量衡委员会工作时,参加研究了各种衡器的准确度。另外,他还为科学院机关刊物写评论并长期主持委员会工作。他不但为科学院做大量工作,而且挤出时间在大学里讲课,作公开演讲,编写科普文章,为气象部门提供天文数据,协助建筑单位进行设计结构的力学分析。1735 年,欧拉着手解决一个天文学难题——计算彗星的轨迹(这个问题需经几个著名的数学家几个月的努力才能完成),由于欧拉使用了自己发明的新方法,只用了三天的时间。但三天持续不断的劳累也使欧拉积劳成疾,疾病使年仅 28 岁的欧拉右眼失明。这样的灾难并没有使欧拉屈服,他仍然醉心于科学事业,忘我地工作。但由于俄国的统治集团长期的权力之争,日益影响到了欧拉的工作,使欧拉很苦闷。事也凑巧,普鲁士国王腓特烈大帝

(Frederick the Great,1740～1786 在位)得知欧拉的处境后,便邀请欧拉去柏林。尽管欧拉十分热爱自己的第二故乡(在这里他曾工作生活了 14 年),但为了科学事业,他还是在 1741 年暂时离开了圣彼得堡科学院,到柏林科学院任职,任数学物理所所长。1759 年成为柏林科学院的领导人。在柏林工作期间,他并没有忘记俄罗斯,他通过书信来指导他在俄罗斯的学生,并把自己的科学著作寄到俄罗斯,对俄罗斯科学事业的发展起了很大作用。

第七节　历史上最伟大的数学家——高斯

高斯(1777～1855),生于不伦瑞克,卒于哥廷根,德国著名数学家、物理学家、天文学家、大地测量学家。高斯被认为是最重要的数学家,有数学王子的美誉,并被誉为历史上伟大的数学家之一,和阿基米德、牛顿并列,同享盛名。

高斯的成就遍及数学的各个领域,在数论、非欧几何、微分几何、超几何级数、复变函数论以及椭圆函数论等方面均有开创性贡献。他十分注重数学的应用,并且在对天文学、大地测量学和磁学的研究中也偏重于用数学方法进行研究。

高斯 18 岁时,发现了质数分布定理和最小二乘法。通过对足够多的测量数据的处理后,可以得到一个新的、概率性质的测量结果。在这些基础之上,高斯随后专注于曲面与曲线的计算,并成功得到高斯钟形曲线(正态分布曲线)。其函数被命名为标准正态分布(或高斯分布),并在概率计算中大量使用。

19 岁时,仅用没有刻度的尺规与圆规便构造出了正 17 边形(阿基米德与牛顿均未画出)。并为流传了 2000 年的欧氏几何提供了自古希腊时代以来的第一次重要补充。

高斯总结了复数的应用,并且严格证明了每一个 n 阶的代数方程必有 n 个实数或者复数解。在他的第一本著名的著作《数论》中,作出了二次互反律的证明,成为数论继续发展的重要基础。在这部著作的第一章,导出了三角形全等定理的概念。

高斯在他的建立在最小二乘法基础上的测量平差理论的帮助下,结算出天体的运行轨迹,并用这种方法,发现了谷神星的运行轨迹。谷神星于 1801 年由意大利天文学家皮亚齐发现,但他因病耽误了观测,失去了这颗小行星的轨迹。皮亚齐以希腊神话中"丰收女神"(Ceres)来命名它,即谷神星(Planetoiden Ceres),并将以前观测的位置发表出来,希望全球的天文学家一起寻找。高斯通过以前的三次观测数据,计算出了谷神星的运行轨迹。奥地利天文学家 Heinrich Olbers 在高斯的计算出的轨道上成功发现了这颗小行星,从此高斯名扬天下。高斯将这种方法著述在著作《天体运动论》中。

高斯重视科学表达的严格性与精炼,他对前人一些经不起推敲的叙述和证明完全不能容忍,决心使自己的著作在这方面无懈可击。他在致友人的信中明言:"你知道我写得慢,这主要是因为我总是想要用尽量少的字句来表达尽量多的思想,而写得简短比长篇大论地写更要花费时间。"

高斯才思泉涌,只得把科学发现作成简短的日志,来不及写成详述的论文,他说:"给予我最大愉快的事情不是所取得的成就而是得出成就的过程。当我把一个问题搞清楚了,研究透彻了,我就放下不管,转而探索未知的领域。"1898 年,从高斯孙子家发现了只有 19 页的高斯笔记本,在日记中记载了他 146 项数学发现。有人估计,如果把他在科学上的每一个发现都写成完满的形式发表出来,那就需要好几个长寿的高斯终生的时间。他在数论、函数论、概率统计、微积分几何、非欧几何等数学领域都有开创性的巨大成就。

美国数学家赛蒙斯说："这就是高斯,一个至高无上的数学家,他在那么多方面的成就超过一个普通天才人物所能达到的水平,以致我们有时会产生一种离奇的感觉,以为他是上界的天人。"

第八节　20世纪最伟大的数学家之一——冯·诺依曼

冯·诺依曼,1903年出生于匈牙利,10岁入大学学习,12岁精通了波莱尔的专著《函数论》,18岁与老师合作发表了新颖而具有时代精神的论文,1930年赴美工作,1932年任普林斯顿大学教授,1933年任普林斯顿高级学院领导人,是六大著名教授之一,是年他不满30岁。由于工作需要,这位成熟的数学家自学了量子力学,且成了当时公认的量子力学的权威。1940年,他由一位纯数学家转向一位应用数学家。第二次世界大战开始后,积极参与有关反法西斯战争的科研项目,使得在武器研制方面美国处于世界领先地位。冯·诺依曼是制造原子弹的首席科学家和领导者。他很快就成了武器设计专家,在军备竞赛中为美国政府出谋划策。

冯·诺依曼最重大的贡献是他与他人合作研制出了第一台电子计算机,这一成就不仅轰动了当时的世界,而且将深远的影响人类文明,他对计算机的理论进行了深入的研究,为计算机的进一步发展奠定了基础。在应用数学方面,他还是"博弈论"的创始人,在经济日益发展的今天,博弈论的应用越来越广泛。在纯数学方面,对于实函数论、测度论、公理集合论、拓扑学、群论也都有巨大的贡献。他认为最好的数学灵感来源于经验,不相信竟能存在一种脱离一切人的经验的、绝对不变的严密的数学的概念。他说:"当一门数学学科离开他的经验源泉走得太远,或者更糟的是,如果它是第二代或第三代学科,只是间接地接受来自'现实'的启发,那它就充满着严重的危险,它会变得越来越成为纯粹的矫揉造作,越来越纯粹的'为艺术而艺术'。一门学科存在着依阻力最小的路线发展这种严重危险,就像一条河,离开它的源泉太远之后,分成许多涓细不足道的支流,使这门学科变成一大堆杂乱的细节和繁复的东西。换言之,一门数学学科在离开它的经验源泉太远之后,或者经过太多的'抽象'配种,它就有退化的危险。"

另外,冯·诺依曼极富文字与口头的表达能力,擅长科学演讲,他讨论与研究的是高深艰涩的抽象数学理论或尖端的科学技术,但著书立说时,他的书却写得深入浅出,道理深刻又有可读性,这与他扎实的社会科学功底有着深厚的关系,他幽默感很强,常以独特的口吻谈出对科学、对社会的中肯评论。

由于科学工作强度太大,效率太高,正当他精力旺盛成果频出之时身患癌症,这位数学巨人,于 1957 年过早的离开了人间!

第九节　陈景润与哥德巴赫猜想

陈景润是著名数学家,曾经担任中国科学院院士、中国科学院数学研究所一级研究员、《数学学报》主编。

陈景润从小喜爱数学,特别是受到一些数学教师的影响,对奇妙而充满魅力的数论产生了浓厚的兴趣。在厦门大学期间,经过刻苦钻研,他对数学大师华罗庚和维诺格拉朵夫等人的专著及一些重要的数学方法有了深刻的理解,写出了他的第一篇论文。调到中科院数学所以后,在良好的学术环境中,在严师的指导下,他的研究水平有了飞跃,聪明才智得到了充分发挥。他共发表了学术论文 50 余篇、著书 4 本,在对近代解析数论的许多重要问题,如华林问题、球内整点和圆内整点问题、算术级数中的最小素数问题、小区间中殆素数分布问题、三素数定理中的常数估计、哥德巴赫猜想、孪生素数问题等的研究中,获得多项成果,做出了不可磨灭的贡献。

特别是在哥德巴赫猜想的研究中，陈景润得到了(1＋2)的辉煌成果，即证明了每个充分大的偶数都可表示为一个常数和一个素因子个数不超过 2 的整数之和。1966 年，陈景润在《科学通报》宣布他证明了(1＋2)，但仅叙述了几个引理，未给出详细证明，因而当时没有得到国际数学界的承认，1973 年，他在《中国科学》发表了(1＋2)的详细证明，并改进了 1966 年宣布的数值结果，立即在国际数学界引起了轰动，被公认为是对哥巴赫猜想研究的重大贡献，是筛法理论的光辉顶点。他的结果被国际数学界称为"陈氏定理"，写进美、英、法、芬、日等国的许多数论书中。由于这个定理的重要性，人们曾先后对它给出至少五个简化证明。陈景润在哥德巴赫猜想的研究领域至今保持着世界纪录和领先地位。

陈景润曾先后获得全国科学大会奖、国家自然科学一等奖、何梁何利基金奖、华罗庚数学奖等重大奖励。他的学术成就为国内外所公认。1974 年，在国际数学家大会介绍庞比尼获菲尔兹奖的工作时，特别提到了"陈氏定理"，作为与之密切关联的工作之一。陈景润于 1978 年和 1982 年两次收到国际数学家大会作 45 分钟报告的邀请，这是很高的殊荣，他于 20 世纪 70 年代末和 80 年代初曾先后出访欧美，自 1978 年以来，他培养了多名博士研究生。

陈景润对数学的迷恋和热爱达到了如痴如醉的程度，数学研究几乎是他的全部生活和精神寄托。他并不是天才，却有着超人的勤奋和顽强的毅力。多年来孜孜不倦地致力于数学研究，废寝忘食，每天工作 12 个小时以上，他的成就是用生命换来的。无论任何时候，他都没有停止过自己的追求，为中国数学事业的发展做出了重大贡献。他的事迹和拼搏献身的精神在全国广为传颂，成为鼓舞全国人民的精神力量，成为一代青少年心目中传奇式的人物和学习的楷模。

陈景润为人正直，待人诚恳，谦逊随和，平易近人。大家都说，他是个实实在在的大好人。他生活上的要求很低很低，与世无争；而在科学上的奋斗目标却很高很高，要在国际前沿为中华民族争得一席之地。

由于长期的清贫生活和过度劳累，陈景润体质很差，1984年，又得了帕金森氏综合症。他与病魔进行了顽强的搏斗，在病中仍坚持工作，培养研究生，著述甚丰。党和政府对他极为重视和关怀，邓小平同志曾亲自批示，要求有关部门对陈景润的身体和工作予以关心。中组部、统战部、中科院、北京市的各级领导曾多次探望慰问，并解决了一些实际问题。陈景润曾住过309医院、中日友好医院、北医三院、宣武医院、广安门医院、中关村医院等，在住院治疗期间受到了良好的治疗和护理。福建省委、省政府和福州市委、市政府曾两次邀请陈景润到福建中医学院治疗，表达了家乡父老乡亲对他的关心和敬重。陈景润的妻子由昆大夫和其他亲属，多年来对他无微不至地照料，社会各界也都伸出援助之手，他深深感受到家庭和社会的温暖，充满了感激之情。他的病情曾一度好转和缓解，给人们以安慰和希望。但他仍长期患帕金森氏综合症和其他多种疾病，他的身体毕竟太虚弱了。

1996年1月中旬，因肺炎并发症导致病情加重，长时间高烧，曾出现心跳呼吸骤停，经过紧急抢救后复苏，但难以控制病情发展。以后又多次出现险情，虽经全力抢救，终因呼吸循环衰竭，医治无效，于1996年3月19日10分，在北京医院去世，享年63岁。他的逝世，是中国数学界的重大损失。

陈景润同志为祖国拼搏，为科学献身的精神永远活在我们心中！

第九章　巧用数学解决生活中的问题

一、怎样让客人等吃饭的时间最少

　　星期天,家里来了客人。爸爸妈妈留客人吃饭,准备烧四个菜、还有一个汤、两个冷盘。你算算需花多少时间。

　　取米淘米 3 分钟,烧饭 10 分钟,焖饭 6 分钟,炒菜(甲乙丙菜)各要 4 分钟、5 分钟、6 分钟,清蒸菜 10 分钟,烧一锅汤要 10 分钟,每次洗锅要 0.5 分钟,每次盛菜到碗里要 1 分钟,盛饭配碗筷要两分钟,配制两冷盘各要 5 分钟、4 分钟。这样,大约一个小时以后,客人可以吃饭。

　　$3+10+6+4+5+6+3×0.5+10+10+3+2+5+4=69.5$ 分钟。

　　如果我们作一个统筹安排,烧饭用电饭锅,烧菜分两只锅炒,先取米淘米烧饭,同时烧汤、配冷菜、清蒸等。可以同时用两只锅炒菜。

　　这样的话,我们实际用了:$3+10+10+5.5+2=30.5$ 分钟,让客人少等半个多小时就能吃到饭。

二、怎样寻找落料的最优方案

　　有批长为 132 厘米的合金材料,现在截成 17 厘米、24 厘米、33 厘米三种规格材料,每种规格都要有,怎样落料才能使材料的利用率在 99% 以上呢?

我们可以假设截成 17 厘米的为规格 A,截成 24 厘米的为规模 B,截成 33 厘米的为规格 C,根据落料数的可能,我们可以用树图分类讨论,具体介绍如下:

因此,截 17 厘米三段、24 厘米二段、33 厘米一段材料利用率为 100%,截 17 厘米一段、24 厘米二段、33 厘米二段,材料利用率为 99.2%。

这道题目也可以用列表讨论法来解,具体如下:(表一)

因此,截 17 厘米三段、24 厘米二段、33 厘米一段,材料利用率为 100%;截 17 厘米一段、24 厘米二段、33 厘米二段,材料利用率为 99.2%。

这两种方法实质上是枚举法,把各种情况都算出来,然后比较最优解。

如果将长 132 厘米合金材料只截成 24 厘米、33 厘米两种规格,两种规格都要有,怎样来找出利用率最高的落料方案?

方法一样,我们这里具体用列表讨论法来解。设 24em 为 B 规格,33 厘米为 C 规格,具体讨论如下:(表二)显然,截 24 厘米 4 根,截 33 厘米 1 根,利用率 96.97% 为最高。表一:

132	C(33)	B(24)	A(17)	利用率
	C=1(99)	B=3(27)	A=1(10)	$\frac{132-10}{132}=92.4\%$
		B=2(51)	A=3(0)	$\frac{132-0}{132}=100\%$
		B=1(75)	A=4(7)	$\frac{132-7}{132}=94.7\%$
	C=2(66)	B=2(18)	A=1(1)	$\frac{132-1}{132}=99.2\%$
		B=1(42)	A=2(8)	$\frac{132-8}{132}=93.9\%$

表二：

132	C(33)	B(24)	利用率
	C＝1(99)	B＝4(3)	$\frac{132-4}{132}=96.97\%$
	C＝2(99)	B＝2(18)	$\frac{132-18}{132}=86.37\%$
	C＝3(33)	B＝1(9)	$\frac{132-9}{132}=93.18\%$

三、数字密码锁为什么比较安全

我们在出差时所用的包上挂一把数字密码锁,只要知道一个密码,就可以非常巧妙地打开。那么,这锁是否安全呢?

如果数字锁是三位数 ☐☐☐ ,每一格都可以出现 0,1,2,3,4,5,6,7,8,9 十个数字,这样排出的三位数共有

$10 \cdot 10 \cdot 10 = 1000$(个)

而其中只有一个密码号才能打开,因此打开此锁的概率为 $\frac{1}{1000}$。

不知道密码的人,想偷偷打开锁,就得一个不漏地一个一个去试,先 000,001,002。……一直试到 999。由于心理紧张,还会重复已试过的数。就是试到了密码号而不拉一下,又会"滑"过去。这样就会试 1000 多个数,才能打开。如果每试一个数要花去 10 秒钟,试 1000 个数至少要花费:

$\frac{1000 \times 10}{60} = 167$(分钟)$\approx 2.8$(小时)

所以要想偷偷打开锁,至少要花去近 3 小时。旅途中的人,不可能离开包 2 个多小时,所以还是比较安全的。

重要的文件箱,都有 6 位数的密码锁。不知道密码锁的人想偷偷打

开箱子花的时间会更多。

六位数数字锁 ☐☐☐☐☐☐ ,每一格都可以出现 $0,1,2,3,4,5,$ $6,7,8,9$ 十个数字,这样排出的六位数共有:

$$10 \cdot 10 \cdot 10 \cdot 10 \cdot 10 \cdot 10 = 10^6 = 1000000(个)$$

而其中只有一个密码号才能打开锁。因此打开锁的概率为 $\dfrac{1}{10^6}$ $= \dfrac{1}{1000000}$ 。

同样,不知密码的人,想找开锁总得一个一个地去试号,加上心理上的紧张,还会不自觉地重复试号。这样试号就会超过 10^6 个。每试一个号也按 10 秒计算,打开锁至少要花费:

$$\dfrac{10^6 \times 10}{3600} = 2778(小时)。$$

即使每天不睡,也得花费将近 4 个月时间才能打开。所以密码锁一般还是比较安全。

四、怎样计算用淘汰制进行的比赛场数

如果你所在的学校要举办一次象棋比赛,报名的是 50 个,用淘汰制进行,要安排几场比赛呢? 一共赛几轮呢? 如果你是比赛的主办者,你会安排吗?

因为最后参加决赛的应该是 2 人,这 2 人应该从 $2^3 = 8$ 人中产生的。这样,如果报名的人数恰巧是 2 的整数次幂,即 2、4(2^2)、8(2^3)、16(2^4)、32(2^5)、……,那么,只要按照报名人数每 2 人编成一组,进行比赛,逐步淘汰就可以了。假如先报名的人数不是 2 的整数次幂,在比赛中间就会有轮空的。如果先按照 2 个人一组安排比赛,轮空的在中后阶段比,而中后阶段一般实力较强,比赛较紧张,因此轮空与不轮空机会上就显得不平衡。为了使参赛者有均等的获胜机会,使比赛越来越激烈,我们总把轮空

的放在第一轮。例如,上例的人在 $32(2^5)$ 与 $64(2^6)$ 之间,而 $50-32=18$。那么,第一轮应该从 50 人中淘汰 18 人,即进行 18 场比赛。这样参加第一轮的 18 组 36 人,轮空的有 14 人。第一轮比赛后,淘汰 18 人,剩下 32 人,从第二轮起就没有轮空的了。第二轮要进行 16 场比赛,第三轮 8 场,第四轮 4 场,第五轮 2 场,第六轮就是决赛,产生冠军和亚军。这样总共进行六轮比赛,比赛的场数一共是:$18+16+8+4+2+1=49$,恰恰比 50 少 1。

我们再来看看世界杯足球赛的例子。'98 法国世界杯足球赛共有 32 支参赛球队,比赛采取的方式是先进行小组循环赛,然后进行淘汰赛。如果全部比赛都采用淘汰制进行,要安排几场比赛呢? 32 正好是 2^5,因而总的场数是 $16+8+4+2+1=31$,也是比 32 少 1。

不妨再从一般情况来研究。如果报名的人数为 M 人。而 M 比 2^n 大,但比 2^{n+1} 小,那么,就需要进行 $n+1$ 轮比赛,其中第一轮所需要比赛的场数是 $M-2^n$,第一轮比赛淘汰 $M-2^n$ 后,剩下的人数为 $M-(M-2^n)=2^n$。以后的 n 轮比赛中,比赛的场数为:

$$2^{n-1}+2^{n-2}+2^{n-3}+\cdots+2^3+2^2+2+1$$
$$=(2^{n-1}+2^{n-2}+^{n-3}-2^3+2^2+2+1)\times(2-1)$$
$$=(2^{n-1}+2^{n-2}+2^{n-3}+\cdots 2^3+2^2+2+1)$$
$$=2^n-1$$

所以,一共比赛的场数是 $(M-2^n)+(2^n-1)=M-1$,即比参加的人数少 1。

其实,每一场比赛总是淘汰 1 人。在 M 人参加的比赛中,要产生 1 个冠军就是淘汰 $M-1$ 人,所以就得比赛 $M-1$ 场。你明白了吗?

现在请你自己来安排一次乒乓球比赛,报名参加男子单打的有 158 人,报名参加女子单打的有 96 人,应该进行多少场比赛?怎样安排这些比赛呢?

五、怎样计算用单循环制进行的比赛场数

用淘汰制进行球类锦标赛,比赛场数比较少,所需用的时间较短,所以,报名人数较多的个人锦标赛往往采用这种方法。但有一个缺点,就是要获得冠军,中途不能有失。而且如果两强相遇过早,所产生的亚军和其他名次往往与实际水平不完全相符。因此,在报名单位较少的一些团体锦标赛中,往往不采用淘汰制而采用另一种比赛方法——循环制。

用循环制进行的比赛场数应该怎样计算呢?下面我们来看一个例子。如果你所在的学校有 15 个班级,每个班级有 1 个球队参加比赛,若用单循环制进行,一共要比赛几场?。如果用单循环制进行比赛,每一个队要和另一个队比赛一场,所以在 15 个球队中,每一个队伍要进行 14 场比赛,15 个球队就有 15×14 场比赛。但每场比赛是两队互相交锋的,因此,这样计算就把一场比赛算做 2 次了,而实际的比赛场数是 $\frac{15 \times 14}{2} = 105$(场)。

我们再来看看世界杯足球赛的例子。'98世界杯足球赛有 32 支参赛球队,如果始终采用单循环制进行比赛,那么一共要进行的比赛场数是 $(32 \times 31) \div 2 = 496$(次)。

一般说来,单循环制的比赛,如果有 n 队报名,那么,比赛的场数总共是:

$$\frac{n \times (n-1)}{2}$$

但是这样安排场次太多,费时太长。因此,许多比赛采用的不完全是单循环制,而是分组双轮单循环制。下面我们来看,如果把 15 队分成三组,每组 5 队,采用分组双轮单循环制,一共要比赛几场?

在这三组中用单循环制进行比赛,产生三个分组冠军,这三队再进行第二轮的单循环赛,产生冠亚军。这样,

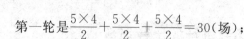

第一轮是 $\frac{5\times4}{2}+\frac{5\times4}{2}+\frac{5\times4}{2}=30$（场）；

第二轮是 $\frac{3\times4}{2}=3$（场）；

比赛的总场数是 $30+3=33$（场）。

再来看'98世界杯足球赛的例子,32支参赛队分成8个组,每组4个队。如果按照分组进行双轮单循环赛,那么,第一轮要比赛 $\frac{4\times3}{2}\times8=48$（场）,产生8个分组冠军;第二轮,这8个队再进行 $(8\times7)\div2=28$（场）比赛,决出冠亚军。

现在请你用同样的方法来安排一次乒乓球赛,报名参加男子团体赛的有26个队,报名参加女子团体赛的有19个队。如果用单循环制进行比赛,要安排几场比赛?如果各分成三组,男子两组各9队,一组8队,女子两组各6队,一组7队,采用分组双轮单循环制,一共要比赛几场?事实上很多比赛会同时采用这两种比赛方式——淘汰制和单循环制。例如'98世界杯足球赛,先是32支球队分成8个组,采用分组单循环制,进行48场比赛,每组的冠亚军共16支球队,再采用淘汰制,进行8场比赛,决出前8强。再用淘汰制,进行4场比赛,决出前4名。还是用淘汰制,进行2场比赛,决出前2名。最后前2名争夺冠亚军,另外还安排一场决出3、4名的比赛。这样比赛场数总共是 $48+8+4+2+1+1=64$（场）。

六、怎样安排循环赛的程序表

现在,我们已经知道了怎样计算循环赛的比赛场次,那么怎样排出这种比赛的程序表,使每一队在每一轮比赛中都有不同的对手呢?让我们来看上文留下的题目,女子分成的三组中有一组是6个队,这6个队用单循环制进行比赛。用 X 表示球队的编号,$X\in\{1,2,\cdots,6\}$,r 表示比赛的轮数,$r\in\{1,2,\cdots,5\}$,那么每一个队都要进行5轮比赛。

下面就是一张 6 个队的比赛程序表,在第 r 行、第 x 列处的数字 y 代表 x 队在第 r 轮比赛中的对手。

y ＼ x	1	2	3	4	5	6
1	5	4	6	2	1	3
2	6	5	4	3	2	1
3	2	1	5	6	3	4
4	3	6	1	5	4	2
5	4	3	2	1	6	5

这张表是怎样排出来的呢?

我们先介绍一个概念——"同余"。所谓同余,是指两个整数 a, b 被另一正整数 m 去除,有相同的余数,通常用符号:

$$a = b(\bmod\ m)$$

表示,读"a, b 关于模 m 同余"。例如 34 与 12 被 11 除余数都是 1,就称"34 与 12 关于模 11 同余"。同余的概念早在公元 5 世纪时,在我国的《孙子算经》中已经出现。在日常生活中也经常会遇到,比如,某月 2 日是星期三,那么 9 日,16 日,23 日都是星期三,因为它们关于模 7 同余。

一般地,要排出有 N 个队参加的循环赛程序表,只需要第 r ($r = 1$, $2, \cdots, N-1$) 轮中取能满足 $x + y = r(\bmod\ N-1)$ 的 y 值就行了。

因此上例中,只要取能满足 $x + y$ 被 5 除余数为 r 的 y 值就行了。

先看第一轮比赛($r = 1, x + y = 6$),于是有 $x = 1, y = 5; x = 2, y = 4$。但是 $x = 3$ 时,$y = 3$,这意味着第三队将与自己比赛,这当然是不可能的。为此,我们规定,在这种情况下,它与最后一队即第 6 队比赛。于是表中第一行排好了。

再看第二轮比赛($r = 2, x + y = 7$),于是第二行可以毫不费力地排出来。

第三轮比赛($r=3,x+y=8$),而$x=1$时,$y=7$,无此队,因而这种情况下,可改取$x+y=r$,则$x=1,y=2;x=2,y=1$。此后还是按照$x+y=8$,则当$x=3,y=5;x=4$时,y不可能为4,由上可知,取$y=6$。

用同样的方法,我们可以把上面列出的表排完。

这样,如果参赛的队数是偶数,每一个队在每一轮比赛中都能有不同的对手。当然这并不是唯一的排法,而且如果参赛的队数是奇数,这种排法也就不适用了。

七、为什么大奖赛评分时要去掉最高分和最低分

校园卡拉OK大奖赛正在进行,一位同学唱完后,6个评委亮出了分数(10分为满分),由小到大依次为:9.00、9.50、9.55、9.60、9.75、9.90。按评分规则,去掉最高分和最低分,将其余4个得分作平均,该同学的最后得分是:

$$\frac{9.50+9.55+9.60+9.75}{4}=9.06(分)$$

为什么要去掉最高分和最低分呢?这是为了剔除异常值。异常值就是过高或过低的评分,通常是由于裁判疏忽,或者欣赏兴趣特别,甚至在个别情形下有意褒贬所造成的。为了减少异常值对正确评分的影响,去掉最高分和最低分是合理的。

这与数学上的中位数的概念有一定的联系。什么是中位数呢?我们还是来看上面的例子,依次排列的6个数字中,处在中间的第三个和第四个数的平均数值就是中位数,即:

$$\frac{9.55+9.60}{2}=9.575$$

如果评委的人数是奇数,譬如取前5个数字,则中位数是9.55,即第三个数字。处在中位数左边的数值,只要不大于中位数,任意改变其数值,并不会改变中位数的值。同样处在中位数右边的数值,只要不小于中

位数,任意改变其数值,也不会改变中位数的值。

由此可知,中位数的数值不受特大及特小极端值的影响,而平均数则会受到每个数值的影响,所以,中位数有时比平均数更能反映平均水平。例如,某个班级 10 个同学参加某项考试,有两人旷考算 0 分。10 个人得分依次为:0、0、65、69、70、72、78、81、85、89。则其平均数是:

$$\frac{0+0+65+69+70+72+78+81+85+89}{10}=60.9(\text{分})$$

得 65 分的同学,其分数超过了平均数,按说属于中上水平了,其实不然。如果除去两名旷考的,他就是倒数第一名。这里,平均数没有真正反映平均水平。

那么,干脆剔除这两个异常值,按 8 个人平均行不行呢?当然不行。这时只有取中位数比较合适。中位数是第 5 名和第 6 名分数的平均值,即:$\frac{70+72}{2}=71$。超过 71 分是中上水平,低于 71 分是中下水平。这里,中位数才是真正的"中等水平"的代表。

当然,平均数也有优点,即考虑到了每个数字的作用。而去掉最高分和最低分的评分方法,正是吸收了平均数和中位数这两种数的优点,既去除了异常值,又发挥了大多数评委的作用,是比较合理的方法。

八、生活中的分数

如果你到银行存款,就会碰到利率。

银行的利率有月利率和年利率,月利率是分母为 1000 的分数,年利率是分母为 100 的分数。因为一年有 12 个月,所以年利率刚好是月利率的 12 倍。

例如,活期储蓄的月利率为 2.625,即 $\frac{2.626}{1000}$,年利率为 3.15,即 $\frac{3.15}{100}$ $=\frac{2.626}{1000}\times12$。

利率分成许多不同的档次,它的高低与存期的长短有关,活期储蓄的利率最低。定期储蓄中,存期越长,利率越高。

按现在银行的规定,定期储蓄如果提前支取,利率只能按活期计算。如果到期不取,超期部分也只能按活期计算。因此定期储蓄如果到期,应及时到银行办转存手续。

如何储蓄才能得到更多的利息呢?

存期短的利率较低,但到期后转存,利息也并人了本金,这样一来利可生利,有时不一定比存期长的收益少。

例如,1995 年 6 月,银行的年利率规定 1 年期是 10.98,二年期是 11.70,三年期是 12.24。假如当时你有 10000 元人民币,三年之内都不需动用。又假定三年内银行的利率保持不变,那么如何储蓄最划算呢?

(1)全部存一年期,每年到期转存,则三年后本息之和为

$10000 \times (1 + 10.98\%)^3 = 13668.92$ 元;

(2)存三年期,三年后本息之和为

$10000 \times (1 + 3 \times 12.24\%)^3 = 13672$ 元;

(3)先存两年期,两年后本息之和为

$10000 \times (1 + 2 \times 11.70\%) = 12340$ 元;

再将它转存一年期,到期本息之和为

$12340 \times (1 + 10.98\%) = 13694.93$ 元;

先存一年期后存两年期的结果与先存两年期后存一年期的结果完全一样。

这样看来,存一个两年期再存一个一年期的收益最大。不过,银行对三年期的储蓄有时实行保值,在物价波动上涨幅度较大的情况下,存三年期的储蓄更加保险。

在我们的实际生活中,还有一些概念如浓度、成数、折扣等都与分数有关。

在地图上我们往往可以看到有关比例尺的说明。例如有一张中国地图,它上面标的比例尺是 1:9000000,意思是说,这张地图上任意两地的距离是实际距离的九百万分之一。

如果地图上两地的距离是 2 厘米,那么这两地的实际距离就是 $2 \times 900 : 1800$ 万厘米,即为 180 千米。

$a:b$ 叫比,a 叫比的前项,b 叫比的后项。有时需要用到连比的概念,它实际上是将几个比连写成一个式子。

例如,有一种黑色火药由硝酸钾、硫磺、木炭按 15:2:3 配制,现在要配制这种火药 10 千克,那么这三种原料各需要多少呢?

连比可以看成分数的比,即硝酸钾为 15 份,硫磺为 2 份,木炭为 3 份,总共是 20 份。

硝酸钾占总量的 $\frac{15}{20}$,需要 $10 \times \frac{15}{20} = 7.5$ 千克,

硫磺占总量的 $\frac{2}{20}$,需要 $10 \times \frac{2}{20} = 1$ 千克。

木炭占总量的 $\frac{3}{20}$,需要 $10 \times \frac{3}{20} = 1.5$ 千克。

在体育比赛中经常将双方成绩用比分表示,这时的比有它的特定意义,不能像数学中的比那样化简或运算。

例如,甲队和乙队进行排球比赛,甲队士气旺盛,势如破竹,在第一局比赛中以 15:0 获胜。从数学角度看,比的后项为 0 是没有意义的,但这里比赛的结果却有明确的含义。

又如,甲、乙、丙三队进行足球循环赛,胜一场得 2 分,负一场得 0 分,平一场各得 1 分,各队积分不同时,按积分多少决定名次;当两队积分相同时,按每队净胜球多少决定名次先后;若净胜球数又一样,再计算每队进球数的多少决定名次先后;若进球数又一样,最后由抽签决定名次先后。

现在三场比赛的结果是,甲比乙为 6：2,乙比丙为 3：2,丙比甲为 5：3。三队各胜一场,积分都是 2 分,为决定名次要算净胜球数。甲净胜球数为 $4-2=2$,乙净胜球数为 $1-4=-3$,丙净胜球数为 $2-1=1$。因此甲队第一,丙队第二,乙队第三。

上面三场比赛的结果中,若甲比乙为 3：1,积分仍然都是 2 分,净胜球数却发生变化。甲净胜球数为 $2-2=0$,乙净胜球数为 $1-2=-1$,丙净胜球数为 $2-1=1$。结果丙队第一甲队第二,乙队第三。

虽然数学中 6：2＝3：1,但这里两种结果却不相同,因此这种比分是不能用数学方法约简的。

在商业销售中常可听到折扣的概念,这也是一种分母为 10 或 100 的分数。

例如,到了冬天,某商店夏天购进的电扇还没卖完,为了加快资金流转,商店贴出海报:"本店换季商品大减价,电风扇一律八折出售。"那么原来卖 150 元的,现在就只卖 $150 \times \frac{8}{10} = 120$ 元。

如果写的是按七五折出售,那就是按原价的 75％出售。

有的商店宣布实行十点利销售,意思是薄利多销,售出的每一件商品所获利润不超过商品进价(商店买进商品的价格)的 10％。例如一种商品采购进店花了 100 元,那么卖给顾客的价格是 $100 \times (1+10\%) = 110$ 元。

九、巧分奖金

一笔奖金分为一等奖、二等奖、三等奖,每个一等奖的奖金是每个二等奖奖金的两倍,每个二等奖的奖金是每个三等奖奖金的两倍。如果评一、二、三等奖各二人,那么一等奖的奖金是 308 元,如果评一个一等奖,两个二等奖,三个三等奖,那么一等奖的奖金是多少元?

解答:

每个二等奖相当于 2 个三等奖;每个一等奖相当于 2×2 个三等奖。

如果一个一等奖是 308 元,那么一个三等奖是 308÷4 = 77(元);一个二等奖是 77×2=154(元)。

评一、二、三等奖各两人,共需发奖金:

$$(2×4+2×2+2)×77=1078(元)$$

评一个一等奖,两个二等奖,三个三等奖相当于(1×4 +2×2+3)=11(个)三等奖,故知:每个三等奖的奖金是:

$$1078÷11=98(元)$$

每个一等奖的奖金是:

$$98×4=392(元)$$

十、猴子分桃子

美籍华人物理学家李政道曾给中国科技大学少年班的同学出了一道有趣的数学题:

有五只猴子分一堆桃子,怎么分也分不公平,便都去睡觉了,决定明天再分。半夜里,有一只猴子偷偷起来,扔掉了一个桃子,再分时,正好分成 5 等份,它把自己的一份收藏好,睡觉去了。第二只猴子起来,又偷偷扔掉一个桃子,又恰好分成 5 等份,它把自己的一份收藏好后,也睡觉去了。以后,第三、第四、第五只猴子也都是一样,即都扔掉一个桃子后,还能分成 5 等份。请问,五只猴子分的这堆桃子一共有多少个?

我们分析一下,如果这堆桃子的个数可以被五只猴子平分 5 次,每次都可以分成 5 等份,那么这堆桃子的个数至少要有:

$$5×5×5×5×5=3125(个)$$

但是,现在的桃子总数是不能被 5 整除的,必须减去 1 才可以被 5 整除。这个数可以是

$$3125 + 1 = 3126(个)$$

但又要求 5 次 5 等份之前都要减少 1，一共减去 5 个，即

$$3126 - 5 = 3121(个)$$

经验证，这个数字是合乎题意的。所以，这堆桃子至少有 3121 个。

十一、不添篱笆扩羊圈

大数学家欧拉小时候在巴塞尔神学校上学，在课堂上小欧拉谦恭地向神职老师发问："既然上帝无所不能，他能告诉我天上有多少颗星星吗？"

老师回答道："这是无关紧要的，我们作为上帝的孩子，记住这一点就足够了：星星都是上帝亲手一颗颗地镶嵌在天幕上的。"

小欧拉百思不得其解："既然星辰是由上帝一手安排的，他总该告诉我们一个数目吧？"

神学老师再也回答不了小欧拉的问题，他无可奈何地摇摇头叹声说道："可怜的孩子，迷途的羔羊。"

就这样小欧拉被神学校开除了。

老欧拉十分伤心地接回了儿子，想着：总得积攒学费送他上别的学校啊！老欧拉决定扩展羊圈，多养些羊，他招呼儿子，拆改旧羊圈。

可是没有多余的篱笆，怎么办呢？老欧拉没有了主意。

这时，站在一旁的小欧拉不慌不忙地说："爸爸，篱笆有了。你看，旧羊圈长 70 米，宽 30 米，面积为 2100 平方米，改成 50 米见方的新羊圈，不用添篱笆，羊圈就扩大了 400 平方米。"

"太妙了，你是怎么想到的？"

"我是从您书橱的《几何学》上看来的。如果把羊圈围成圆形，面积将最大，有 3100 多平方米呢！"

老欧拉明白了，原来儿子在自学数学，放羊时还见他在草地上画来画

去。小欧拉自学数学的热情打动了老欧拉,他决心推动儿子进入古老而神秘的数学王国。

欧拉扩大羊圈不添篱笆的事实说明:在一定周长下,正方形的面积比长宽不等的矩形面积大,而圆又比正方形的面积大。正方形四四方方,简单匀称,是完善的几何图形之一,圆这个最简单的曲线最令人惊叹,它是唯一的具有无穷多条对称轴的轴对称图形,又是中心对称图形。正是这些对称图形的面积也最大。

十二、瞎子看瓜

有一个瞎子把 6 筐西瓜摆成一个三角形,自己坐在中间。一共是 24 个西瓜,每排是 9 个。他每天摸一次,只要每排 3 个筐里的西瓜一共是 9 个,他就放心了。没想到,他的邻居二嘎子跟他开了一个玩笑,第一天偷出了 6 个,第二天又偷出了 3 个,一共少了 9 个西瓜,而瞎子却一点儿也没有发现,这是怎么回事?

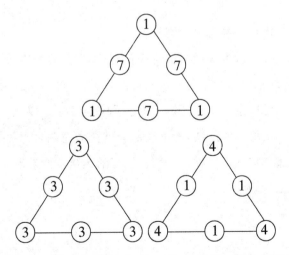

解答:因为二嘎子通过改变每筐里的西瓜数,而使每排西瓜总数仍保持 9 个,这样瞎子以为西瓜没有丢,实际上西瓜已经少了。

十三、爱因斯坦的舌头

大科学家爱因斯坦是"相对论"的缔造者,他在科学研究工作之余,又练就了高超的小提琴技艺。他的表情有时很滑稽,让人捉摸不透,世人流传一张照片就是他吐着舌头、凝视前方的形象。

有一个班级进行民意测验:

11 位同学认为表示"惊奇",7 位同学认为这种意见也可以考虑。

6 位同学认为表示"高兴",8 位同学认为这种意见也可以考虑。

1 位同学认为表示"幽默",6 位同学认为这种意见也可以考虑。

1 位同学认为"惊奇"、"高兴"、"幽默"三种神态兼备。

还有 3 位同学认为是表示"无可奈何"。

请问这个班级一共有多少同学?

解答:由题意,认为表示某种神态的同学,他们的意见是肯定和专一的;而认为可以考虑的意见是模棱两可的,他们也可能同意两种意见或三种意见;表示"无可奈何"意见的,也是一种肯定意见。为此,可以用集合的办法画成如图那样的圆圈,相重叠部分就是同意两种意见的,其中间 3 个圆相重叠部分是表示三种神态兼备意见的人数。如果未知的人数分别以 x、y、z、p 表示,则:

$$\begin{cases} x+p+z=7 \\ x+p+y=8 \\ x+p+z=6 \\ p=1 \end{cases}$$

求解得：

$x = 4, y = 3, z = 2, p = 1$

总人数为：

$S = 11 + 6 + 1 + 3 + x + y + z + p$

$= 11 + 6 + 1 + 3 + 3 + 4 + 2 + 1$

$= 31$

所以，这个班级共有 31 名同学。

十四、稀世珍宝

在东京珠宝收藏博览会上展出

一棵 18K 金的圣诞树，在 3 层塔松形

的圣诞树上共镶嵌有 1034 颗宝石。

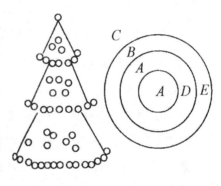

这颗圣诞树上的宝石是这样摆

放的：如果从顶上往下看，3 层圆周

上镶嵌的宝石数成等差级数递增；而 3 层圆锥面的宝石数却按等比级数

递增；且第一层的圆周上与圆锥面上的宝石数相等；除此之外，塔松顶上

有 1 颗宝石是独立镶上的。请问，圣诞树的宝石具体是怎样镶嵌的？

解答：假设 3 层圆周上的宝石数分别为 A、B、C，则：

$$B = A + m \quad C = A + 2m$$

其中，m 为等差系数。

因为第一层圆锥面上的宝石数等于圆周上的宝石数，所以可假设 3

层圆锥面上的宝石数为 A、D、E，那么：

$$D = nA \quad E = n^2 A$$

其中，n 为等比系数。

由于树顶上那颗宝石是独立的，所以：

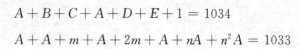

$$A+B+C+A+D+E+1=1034$$

$$A+A+m+A+2m+A+nA+n^2A=1033$$

解此方程，只有一种可能：

$$\begin{cases} A(n^2+n+4)=1000 \\ 3m=33 \end{cases}$$

根据 m、n、A 均为整数，得：

$$\begin{cases} m=11 \\ n=2 \\ A=100 \end{cases}$$

因此，宝石的镶嵌是这样的：

塔松顶上有 1 颗宝石；

第一层圆周上 100 颗宝石，圆锥面上 100 颗宝石；

第二层圆周上 111 颗宝石，圆锥面上 200 颗宝石；

第三层圆周上 122 颗宝石，圆锥面上 400 颗宝石。

十五、牛郎和织女

牛郎星离地球 16.5 光年，也就是以光的速度运行到地球要 16.5 年。织女星离地球 26.5 光年。如果牛郎和织女同时由各自的星球以最快的速度赶到地球相会，那么牛郎要在地球上等多少年才见到织女？而见一面之后，织女又匆匆赶回，牛郎至少又要等多少年，才又能与织女相会？

答：牛郎与织女以最快的速度赶路，充其量也就是以光速行进。因此，牛郎比织女先到地球 10 年，牛郎需要等 10 年才能见到织女。

织女匆匆赶回，如果马上又出发的话，来回需 53 年。牛郎要等 53 年才能与织女第二次相见。如果牛郎也返回自己的星座，那么除了路上的时间不算在内，牛郎也要坐等 20 年才能与织女第二次相聚。